信号与系统

——MATLAB实验综合教程

主 编 胡 钋

副主编 司马莉萍 秦 亮

WUHAN UNIVERSITY PRESS
武汉大学出版社

图书在版编目(CIP)数据

信号与系统:MATLAB 实验综合教程/胡钋主编. —武汉:武汉大学出版社,2017.8

ISBN 978-7-307-19477-9

Ⅰ.信… Ⅱ.胡… Ⅲ.信号系统—Matlab 软件—教材 Ⅳ.TN911.6

中国版本图书馆 CIP 数据核字(2017)第 172881 号

责任编辑:胡 艳 责任校对:汪欣怡 版式设计:马 佳

出版发行:**武汉大学出版社** (430072 武昌 珞珈山)

(电子邮件:cbs22@whu.edu.cn 网址:www.wdp.com.cn)

印刷:湖北睿智印务有限公司

开本:787×1092 1/16 印张:12.5 字数:293 千字 插页:1

版次:2017 年 8 月第 1 版 2017 年 8 月第 1 次印刷

ISBN 978-7-307-19477-9 定价:29.00 元

前　言

　　"信号与系统"课程是现代工程类专业学生必须掌握的一门专业基础课程，其教学目的是让学生掌握信号和线性系统分析的基本理论、原理和方法，线性时不变系统的各种描述方法，以及时域、频域和复频域分析方法，有关系统的稳定性、频响、因果性等工程应用中的一些重要结论，并能够在后续课程的学习和工作中灵活应用这些方法来解决工程或科学中的实际问题。

　　"信号与系统"课程的理论内容较多、抽象性强，其基本理论和方法大量用于计算机信息处理的各个领域，因此，"信号与系统实验"是辅助该课程教学的一种非常有效的手段，但是，传统的硬件电路实验灵活性和实时性较差，严重影响和制约了教学效果，学生自己设计的系统调试困难，得不到可视化的测试结果。利用软件技术构建虚拟实验是提高教学质量及实验效率、降低实验成本的一条有效途径，可以实现在实验环境中，以计算机为辅助教学手段，帮助学生完成信号与系统分析的可视化建模及仿真调试，使学生主动获取知识和独立解决问题的能力不断提高。为此，我们在长期的"信号与系统"软硬件实验教学的过程中编写了本书，其实验内容基本上覆盖了信号与系统理论的所有内容，不仅可以在教学过程中演示，以帮助学生理解抽象的概念和公式，还可以由学生在 PC 机上单独完成各种信号与系统 MATLAB 虚拟仿真任务，用软件仿真的方法替代硬件来实现数据读取、数据分析处理功能，使实验变得更加灵活、简单。仿真实验功能易于扩展，同时也实现了实物实验很难实现的数据编辑、存储、打印图表等功能。但由于虚拟实验过程过于理想化，不利于学生发现问题、解决问题，因而最后与硬件实验有机配合，以全面培养学生动手与创新能力。

　　本书由两篇组成，第一篇介绍信号与系统仿真实验所必需的 MATLAB 基础知识，包括 MATLAB 简介、MATLAB 数学和科学计算基础、MATLAB 绘图、MATLAB 程序设计以及 Simulink 的基本内容。Simulink 是 MATLAB 推出的一个图形化的仿真计算工具，通过它可以形象生动地实现系统的构造和仿真，其教学效果大大优于枯燥的公式推导以及流程化的仿真程序。通过学习 Simulink 这部分内容，学生不仅能够进一步加深对信号与系统中的框图、系统串并联等部分内容的理解，也可以为学习后续自动控制、数字信号处理、通信系统等课程中相关模型的建立和仿真计算打下良好的基础。第二篇为信号与系统 MATLAB 基本仿真实验，包含基本信号的时域表示及分析、连续 LTI 系统的时域分析、连续 LTI 系统的频域分析、连续信号的复频域分析、离散时间系统的时域分析、离散傅里叶变换、z 变换与离散时间系统的复频域分析、系统的状态变量分析。

　　本书体系新颖，内容取舍适度，重点突出，通俗易懂。为了便于读者自学，书中列举了大量的仿真实例，它们都经过了实际验证，具有可重复性，因此，读者可以在 MATLAB 中进行验证，并且可以与理论分析的结果进行对比分析。

我们相信，读者通过本书的学习与实践，不但对后续课程的学习有所帮助，对今后的工作也会大有裨益。

本书第 1~3 章由司马莉萍编写，第 4~7 章由秦亮编写，第 8~13 章由胡钋编写。全书由胡钋教授任主编并负责统稿。在本书的编写过程中，得到唐炬、查晓明、徐箭、陈红坤、阮江军等有关专家以及武汉大学信号与系统教学团队全体教师的大力支持，刘开培教授审阅了全书，提出了很多非常宝贵意见，在此向他们表示衷心的感谢。

由于编者水平有限，书中恐有疏误之处，恳请广大读者批评指正。

编　者
2017 年 7 月

目　　录

第一篇　MATLAB 基础

第1章 MATLAB 简介

MATLAB 是美国 MathWorks 公司出品的商业数学软件，是一种用于算法开发、数据可视化、数据分析以及数值计算的高级技术计算语言和交互式环境，主要包括 MATLAB 和 Simulink 两大部分。因为其可信度高、灵活性好，因而在世界范围内被科学工作者、工程师和大学生广泛使用。

1.1 MATLAB 的发展历史

MATLAB 是 Matrix Laboratory 的缩写，译为矩阵实验室。1980 年，美国新墨西哥州大学计算机系主任 Cleve Moler 在给学生讲授线性代数课程时，发现学生在高级语言编程上花费了很多时间，于是着手编写供学生使用的 FORTRAN 子程序库接口程序，并将这个程序命名为 MATLAB。这个程序获得了很大的成功，深受广大学生好评。

20 世纪 80 年代初，Moler 等一批数学家与软件专家组建了 MathWorks 软件开发公司，继续从事 MATLAB 的研究和开发工作，并在 1984 年推出了第一个 MATLAB 商业版本，其核心是用 C 语言编写的。之后，又添加了丰富多彩的图形图像处理、多媒体、符号运算以及与其他流行软件的接口功能，使得 MATLAB 的功能越来越强大。

1990 年，MathWorks 公司推出了以框图为基础的控制系统仿真工具 Simulink，它方便了系统的研究和开发，使控制工程师可以直接构造系统框图进行仿真，并提供了控制系统中常用的各种环节的模块库。

1992 年，MathWorks 公司推出了具有划时代意义的 MATLAB 4.0 版本，并于 1993 年做了较大的改进，推出支持 Windows 3.x 的 MATLAB，运用范围越来越广。

1997 年，MathWorks 公司推出了 MATLAB 5.0 版本，相对于之前的版本，它可以说是一个质的飞跃：真正的 32 位运算、功能强大、数值计算加快、图形表现有效、编程简洁直观、用户界面友好。

2000 年 10 月底，MathWorks 公司推出了全新的 MATLAB 6.0 正式版本，其在核心数值算法、界面设计、外部接口、应用桌面等诸多方面都有极大的改进。

2004 年，MathWorks 公司推出了 MATLAB 7.0 版本，该版本在编程、计算、数据获取和运行以及图形处理等方面又有许多重大改进。

2012 年，公司推出了 MATLAB 8.0 版本，该版本在语言和编程、数学计算、数据的导入导出等方面又做出了巨大的提升。

MATLAB 已经成为国际上最流行的科学与工程计算软件工具，现在的 MATLAB 已经不仅仅是一个"矩阵实验室"了，它已经成为一种具有广泛应用前景的计算机高级编程语言，它在国内外高校和科研部门中扮演着重要的角色。MATLAB 不断适应新的要求，并提出新的办法，使得其语言的功能越来越强大。可以预见，MATLAB 在科学运算和科学绘图等领域将保持着独一无二的地位。

1.2　MATLAB 的特点

MATLAB 集计算、可视化及编程于一身，是 MathWorks 产品家族中所有产品的基础。在 MATLAB 中，无论是问题的提出还是结果的表达，都采用人们习惯的数学描述方法，而不需要用传统的编程语言进行前后处理。这一特点为数学分析、算法开发及应用程序开发营造出了良好的环境。MATLAB 主要有以下五个优点：

（1）强大的科学计算功能。MATLAB 拥有 500 多种数学、统计及工程函数，可使用户实现所需的强大的数学计算功能。由各领域的专家学者们开发的数值计算程序，使用了安全、成熟、可靠的算法，从而保证了最大的运算速度和可靠的结果。

（2）简单易用。MATLAB 是一种高级的矩阵/阵列语言，它具有控制语句、函数、数据结构、输入和输出和面向对象编程特点。用户可以在 MATLAB 的命令窗口中将输入语句与执行命令同步，也可以先编写好一个较大的、复杂的应用程序后，再一起运行。新版本 MATLAB 语言是基于最为流行的 C++语言之上的，因此语法特征与 C++语言极为相似，但是更加简单，更加符合科技人员对数学表达式的书写格式，使之更利于非计算机专业的科技人员使用。而且这种语言可移植性好、可拓展性极强，这也是 MATLAB 能够深入到科学研究及工程计算各个领域的重要原因。

（3）具备先进的可视化工具。MATLAB 提供功能强大的、交互式的二维和三维绘图功能，可创建富有表现力的彩色图形。可视化工具包括：曲面渲染、线框图、伪彩图、光源、三维等高线图、图像显示、动画、体积可视化等。

（4）图像处理功能强大。MATLAB 自产生之日起，就具有方便的数据可视化功能，以将向量和矩阵用图形表现出来，并且可以对图形进行标注和打印。高层次的作图包括二维和三维的可视化、图象处理、动画和表达式作图，可用于科学计算和工程绘图。新版本 MATLAB 对整个图形处理功能做了很大的改进和完善，使它不仅在一般数据可视化软件都具有的功能(例如二维曲线和三维曲面的绘制和处理等)方面更加完善，而且对于一些其他软件所没有的功能(例如图形的光照处理、色度处理以及四维数据的表现等)，MATLAB 同样表现了出色的处理能力。同时，对一些特殊的可视化要求，例如图形对话等，MATLAB 也有相应的功能函数，保证了用户不同层次的要求。另外，新版本 MATLAB 还着重在图形用户界面(GUI)的制作上做了很大的改善，对这方面有特殊要求的用户也可以得到满足。

（5）具有众多面向领域应用的工具箱和模块集。MATLAB 的工具箱加强了对工程及科学中特殊应用的支持。工具箱和 MATLAB 一样，完全用户化，可拓展性强。若将某个或某几个工具箱与 MATLAB 联合使用，则可以得到一个功能强大的计算组合包，满足用户的要求。

1.3　MATLAB 的工作环境

找到安装完成的 MATLAB 并启动 MATLAB，其主界面如图 1-1 所示。其中主要包括工具栏选项、当前工作路径、命令窗口和工作区窗口。

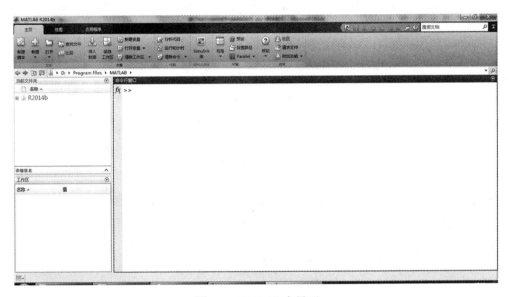

图 1-1　MATLAB 主界面

命令窗口：MATLAB 的主要工作界面，用户可通过其来输入各种 MATLAB 指令，操作和运算的结果也会显示在该窗口。在 MATLAB 运行时，命令窗口会出现命令行提示符"＞＞"。如果命令后带有分号，则 MATLAB 执行命令，但是不显示结果。如果点击命令窗口右上角的，将会出现如图 1-2 所示的命令窗口操作菜单。

图 1-2　命令窗口操作菜单

工作区：MATLAB 用来存储各种变量和结果的空间。该窗口处于 MATLAB 操作界面的左下方。用户能在工作区观察、编辑和提取这些变量。单击工作区右上侧的，可打开如图 1-3 所示的工作区菜单。

新建(N)	Ctrl+N
保存(S)	Ctrl+S
清空工作区(O)	
刷新(R)	F5
选择列(C)	▶
排序依据(S)	▶
粘贴(P)	Ctrl+V
全选(S)	Ctrl+A
打印(P)...	Ctrl+P
页面设置(G)...	
最小化	
最大化	Ctrl+Shift+M
取消停靠	Ctrl+Shift+U
关闭	Ctrl+W

图 1-3　工作区操作菜单

当前路径：MATLAB 借用了 Windows 资源管理器管理磁盘的思路，设计了当前路径的窗口。利用该窗口，用户可以在这里新建或者删除一个文件，也可以通过双击打开文件。

文本编辑窗：MATLAB 在编写和修改 .m 这一类文件时要用到文本编辑器。点击新建脚本选项，可以打开文本编辑窗口的空白页，如图 1-4 所示。

图 1-4　文本编辑窗

1.4　MATLAB 帮助系统

为了方便用户使用，MATLAB 提供了详细的帮助文件系统，能够帮助用户掌握 MATLAB 的使用方法。

MATLAB 为用户提供了强大的在线帮助功能，让用户能够在工作区内直接输入 help 命令，也可以通过菜单命令得到帮助。用户因此能够轻松获得帮助信息，并能通过帮助系统进一步学习 MATLAB。

通常 MATLAB 可以通过 4 种方式获得帮助，分别是：帮助命令、帮助窗口、MATLAB 帮助界面和阅读在线帮助页。

(1) 帮助命令：帮助命令 help 是查询函数库、工具箱等相关信息的最基本方法，查询的结果会显示在命令窗口中。

输入 help，显示系统中所有安装的 MATLAB 函数库和工具箱的名称和相关信息。点击其名称，可以逐级显示函数库或者工具箱中的命令以及命令的功能介绍。

输入 help 库名/工具箱名，可直接显示函数库或工具箱包含的命令信息。

输入 help 命令/函数名，可以直接显示命令的含义和用法。

帮助命令 lookfor 与 help 效果相似，他们都只对 M 文件的第一行进行关键字搜索。 help 只搜索与关键字完全匹配的结果，而 lookfor 对搜索范围内的 M 文件进行关键字搜索的条件比较宽松。对 lookfor 命令加上 all 选项，可以对 M 文件全文进行检索。

(2) 帮助窗口：帮助窗口给出的帮助信息和帮助命令给出的信息是一样的，但是在帮助窗口更容易浏览相关的函数。可以通过双击菜单条上的问号按钮、在命令窗口输入 helpwin 命令或者选择帮助菜单下的文档选项，在浏览器中显示帮助信息。

(3) 帮助台：在命令行输入 helpdesk，可以进入帮助台。MATLAB 的帮助台比帮助命令和帮助窗口所提供的帮助信息更多。大部分帮助台的帮助信息使用超文本标记语言 (HTML) 来描述，可以通过浏览器阅读，用户可以利用浏览器的功能来浏览帮助信息。

在 MATLAB 的帮助台上，可以单击想要查找的内容来获取相应的帮助信息，也可以通过 Search 来查找想要获取的帮助信息，如图 1-5 所示。

(4) Demo 演示：MATLAB 的主包和各个工具包都有很好的演示程序，如图 1-6 所示。 用户可以通过在命令窗口键入 demo 命令进入演示程序。该组演示程序由交互式界面引导，操作十分方便。用户可以通过演示系统进行直观的感受和学习，对用户十分有益。它的示范作用十分有效，是任何相关书籍都无法代替的。如果想要学习 MATLAB，就一定要掌握这组程序。

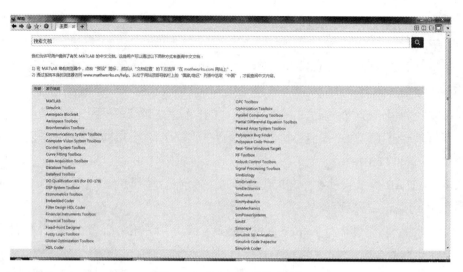

图 1-5　MATLAB 的帮助台窗口

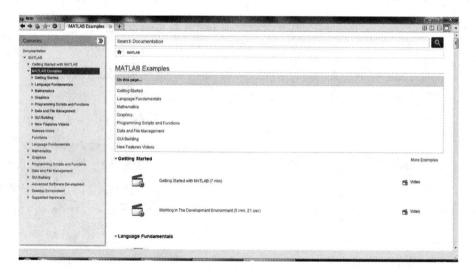

图 1-6　MATLAB 的演示窗口

第 2 章　MATLAB 基础

2.1　数值和变量

2.1.1　数值

MATLAB 中数值采用十进制计数，并且最多大约能保持 16 位有效数字。

以下计数都属于合法的：2、−24、0.03、2.6e−5。

2.1.2　变量

变量是任何程序设计语言的基本元素之一，MATLAB 语言也不例外。和一般常规的程序设计语言不同的是，MATLAB 语言不需要对所使用的变量进行事先声明，也不需要指定变量类型，它会自动根据所赋予变量的值或对变量所进行的操作来确定变量的类型。

在 MATLAB 语言中，变量的命名规则如下：

(1) 变量名长度不超过 31 位，超过 31 位的字符将会被忽略不计；

(2) 变量名大小写具有不同的含义；

(3) 变量名必须以字母开头，变量名中可以包含字母、数字或者下画线，但是不能使用标点符号。

在 MATLAB 中有一些变量被预定义了某个特定的值，所以可以称这些变量为预定义变量。MATLAB 中主要的常量如表 2-1 所示。

下面介绍几种常用的预定义变量的用法：

(1) 在 MATLAB 中如果出现超过最大正浮点数的数据时，不像其他系统一样可能会出现死机的现象，而是会用 Inf 代替无穷大输出结果。例如，在命令行输入 1/0 时，MATLAB 会返回如下结果：

```
>> 1/0
ans =
    Inf
```

(2) 在 MATLAB 中如果出现分子、分母均为 0 时，会得到 NaN，它是 Not-a-Number 的缩写，代表非数字的意思。例如，在命令行输入 0/0 时，MATLAB 会返回如下结果：

```
>>0/0
ans =
```

表 2-1   **MATLAB 的预定义变量**

预定义变量	含　义
ans	计算结果的默认名称
inf(Inf)	无穷大
pi	圆周率，π
eps	浮点数相对误差
i 或 j	虚数单位
NaN	无定义的数
bitmax	最大正整数
realmax	最大的正浮点数
realmin	最小的正浮点数

NaN

（3）MATLAB 中 pi 用来表示圆周率 π 的数值。在命令行输入 pi，若 pi 未被赋值，则 MATLAB 会返回如下结果：

```
>> pi
ans =
    3.1416
```

2.2　矩阵的运算

MATLAB 中的数据一般以数组的形式存在，各种运算以及函数也是针对数组进行的。这里说的数组，是广义的数组，按数组的位数可以将其分为：

（1）对于只有一个元素的的数组，称为标量；

（2）对于只有一行或一列元素的数组，称为向量；

（3）对于具有多行多列元素的数组，称为矩阵；

（4）对于超过二维的数组，统称为多维数组。

2.2.1　矩阵的创建

1. 直接输入法

创建数值矩阵，可以直接在键盘上输入矩阵，这种方法比较方便直接，适合较小的简单矩阵，在创建矩阵时，需要保证：

（1）矩阵的元素应放在"［　］"内部；

（2）矩阵的列与列之间用空格或者","分隔，行与行之间用";"或者回车符分隔；

（3）矩阵的元素不仅可以是数值，也可以是运算表达式。

【例 2-1】 用直接输入法创建一个矩阵。

解：在 MATLAB 命令行窗口输入如下语句：

> \>\> A = [1 2 3；4 5 6；7 8 9]

MATLAB 会返回结果：

A =

1	2	3
4	5	6
7	8	9

2. 步长生成法

在 MATLAB 中创建矩阵，还可以采用步长生成法，这种方法主要用来生成多维向量或者大矩阵，该方法创建矩阵格式如下：

A = 初值：步长：终值

【例 2-2】 用步长生成法创建一个矩阵。

解：\>\> A = 0：2：5

A =

0	2	4

\>\> B = [0：2：5；1：1：3]

B =

0	2	4
1	2	3

MATLAB 中提供了一些函数，可以用来直接生成某些矩阵，如表 2-2 所示。

表 2-2　　　　　　　　　　　　　**MATLAB 矩阵生成函数**

函　　数	说　　明
zeros	产生一个全 0 矩阵
ones	产生一个全 1 矩阵
eye	产生一个单位矩阵
rand	产生一个 0 到 1 之间均匀分布的伪随机数矩阵
randn	产生一个均值为 0 方差为 1 的正态分布矩阵
vander	产生一个范德蒙矩阵
linspace	产生一个线性分布矩阵
logspace	产生一个以 10 为底的对数分布矩阵

如果要利用 linspace 函数在 10 到 20 之间均匀产生 5 个点值，可在命令行窗口输入如下语句：

>>A＝linspace(10，20，5)

MATLAB 会返回结果：

A ＝

    10.0000　　12.5000　　15.0000　　17.5000　　20.0000

2.2.2　矩阵的运算

由表 2-3 和表 2-4 分别给出了矩阵运算的常用函数和矩阵结构变换的函数。

表 2-3　　　　　　　　　　　　　矩阵运算的常用函数

函　　数	说　　明	函　　数	说　　明
sin	正弦函数	cos	余弦函数
tan	正切函数	asin	反正弦函数
acos	反余弦函数	atan	反正切函数
sinh	双曲正弦函数	cosh	双曲余弦函数
sech	双曲正割函数	atan2	四象限反正切函数
exp	以 e 为底的指数函数	sqrt	平方根函数
pow2	以 2 位底的幂函数	log	自然对数
log10	以 10 为底的对数	log2	以 2 为底的对数
abs	绝对值	angle	相交
real	实部	imag	虚部
conj	共轭复数	floor	向负方向舍入
fix	向零方向舍入	ceil	向正方向舍入
round	四舍五入	rem(x，y)	求 x/y 余数，符号与 x 相同
mod(x，y)	求 x/y 余数，符号与 y 相同	sign	符号函数

表 2-4　　　　　　　　　　　　　矩阵结构变化的函数

调用格式	说　　明
A'	将矩阵 A 转置
fliplr(A)	将矩阵 A 左右翻转
flipud(A)	将矩阵 A 上下翻转
rot90(A)	将矩阵 A 整体逆时针方向旋转 90°

续表

调用格式	说　　明
diag(A)	若 A 为列向量，则以 A 中的元素建立一个对角矩阵；若 A 为对角阵，则提取 A 中对角元素，建立一个列向量
tril(A)	提取矩阵 A 的左下三角部分
triu(A)	提取矩阵 A 的右上三角部分
reshape(A，m，n)	在保持 A 中元素个数不变的情况下，按优先排列列的顺序，将 A 排列成 m×n 的矩阵

【例 2-3】　矩阵结构变化的函数使用示例。

解： >> A = [1 2 3；4 5 6；7 8 9]

>>B = fliplr(A)

B =

```
    3    2    1
    6    5    4
    9    8    7
```

>>C = rot90(A)

C =

```
    3    6    9
    2    5    8
    1    4    7
```

>>D = tril(A)

D =

```
    1    0    0
    4    5    0
    7    8    9
```

>> E = reshape(A，1，9)

E =

```
    1    4    7    2    5    8    3    6    9
```

2.3　运算符

在 MATLAB 中，运算符可以分为 3 大类，分别是：算术运算符、关系运算符和逻辑运算符。

2.3.1　算术运算符

常见的算术运算符的功能如表 2-5 所示。

表 2-5   常见算术运算符的功能

运算符	功　　能
A. '	非共轭转置
A = s	将标量 s 的值赋予 A 中每个元素
s+B	将标量 s 分别与 B 中每个元素求和
s−B	将标量 s 分别与 B 中每个元素求差
s. * A	将标量 s 分别与 B 中每个元素相乘
s. /B	将标量 s 除以 B 中每个中元素
A. ^n	A 中每个元素自乘 n 次
p. ^A	以 p 为底，分别以 A 中元素为指数求幂
A+B	A 与 B 中对应元素相加
A−B	A 与 B 中对应元素相减
A. * B	A 与 B 中对应元素相乘
A. /B 或 B. \ A	A 中元素被 B 中对应元素相除
exp(A)	分别以 A 的各元素为指数求 e 的幂
log(A)	分别对 A 的各元素求自然对数
sqrt(A)	分别对 A 的各元素求平方根
f(A)	求 A 的各个元素的函数值

【例 2-4】 常见运算符使用示例。

解：在 MATLAB 命令行窗口输入如下语句：

```
>> A = [1 2 3; 4 5 6; 7 8 9];
>> B = magic(3);
>> C = A * B
>> D = A. * B
>> E = log(A)
```

MATLAB 会返回结果：

```
C =
    26    38    26
    71    83    71
   116   128   116
D =
     8     2    18
    12    25    42
    28    72    18
```

```
E =
        0      0.6931    1.0986
    1.3863    1.6094    1.7918
    1.9459    2.0794    2.1972
```

2.3.2　关系运算符

关系运算符表示的是两个同维数组元素之间的比较，如果关系为真，则结果为 1；如果关系为假，则结果为 0。关系运算符的功能如表 2-6 所示。

表 2-6　关系运算符的功能

关系运算符	功　　能	关系运算符	功　　能
==	等于	~ =	不等于
>	大于	<	小于
<=	小于或等于	>=	大于或等于

【例 2-5】　关系运算符的使用示例。

解：在 MATLAB 命令行窗口输入如下语句：

```
>> A =[1, 2, 3; 4, 5, 6; 7, 8, 9];
>> B =[1, 4, 7; 1, 5, 8; 3, 6, 9];
>> A>=B
```

MATLAB 会返回结果：

```
ans =
    1    0    0
    1    1    0
    1    1    1
```

2.3.3　逻辑运算符

逻辑数组间对应元素的运算，要求两个对象数组维数相同，如果逻辑为真，则输出结果为 1；如果逻辑为假，则输出结果为 0。逻辑运算符的功能如表 2-7 所示。

表 2-7　逻辑运算符的功能

逻辑运算符	功　　能	逻辑运算符	功　　能
&	与			或
~	非	xor	异或
any	有非零元素则为真	all	有零元素则为假

【例 2-6】　逻辑运算符的使用示例。

解：在 MATLAB 命令行窗口输入如下语句：

```
>> A=[1, 0, 0, 1, 0];
>> B=[0, 0, 0, 1, 1];
C=A&B
D=xor(A, B)
```

MATLAB 会返回结果：

```
C =
     0     0     0     1     0
D =
     1     0     0     0     1
```

2.4　MATLAB 常用命令

　　MATLAB 提供了一组可以在命令行窗口中输入的命令，来执行相应的操作。常用的命令及其描述如表 2-8 所示。

表 2-8　　　　　　　　　　　　　　　　**MATLAB 常用命令**

命　　令	说　　明
clc	清除命令窗口中的内容
clf	清除图形窗口中的内容
clear	清除工作区中的所有变量
clear 变量名	清除指定变量
who	显示工作区中所有变量的一个简单列表
whos	列出变量的大小，数据格式等详细信息
copyfile	复制文件
what	列出当前目录下的 .m 文件和 .mat 文件
save name	保存工作区变量到文件 name.mat 中
load name	装载 name.mat 文件中所有变量到工作区
pack	整理工作区内存
length(变量名)	显示工作区中变量的长度
size(变量名)	显示工作区中变量的尺寸
disp(变量名)	显示工作区中的变量
Ctrl+K	清除光标至行尾字
Ctrl+C	中断程序运行

　　如之前所述，这些命令均可以用函数形式实现，从而使得编程更加方便。

第3章　MATLAB 科学计算

MATLAB 的科学运算包括两大类：数值运算和符号运算。数值运算在实验、工程技术中发挥着极其重要的作用；符号计算在科学理论分析以及各种各样的公式、关系式的推导中起着至关重要的作用。

3.1　数值运算

MATLAB 数值计算在工程应用中发挥着极其重要的作用，是 MATLAB 的基石，就是由于其出色的数值计算能力，MATLAB 广泛应用于不同行业的各个领域，MATLAB 与其他程序设计语言相比，具有编程效率高、使用方便等一系列优点。

3.1.1　线性代数与矩阵分析

对于线性代数中矩阵分析的大部分运算，MATLAB 都提供了相应的函数，如表 3-1 所示。

表 3-1   矩阵分析有关的函数

函　　数	说　　明
1. 常见线性代数的函数	
det	行列式的值
inv	矩阵的逆
null	零空间
poly	特征多项式
rank	矩阵的秩
trace	矩阵的迹
rref	转化为行阶梯形
2. 特征值有关函数	
d=eig(A)	将矩阵 A 的特征值存入向量 d
[V，D]=eig(A)	将矩阵 A 的特征向量排列到 V 的列，特征值组成对角阵 D

续表

函　　数	说　　明
c=condeig(A)	向量 c 中包含矩阵 A 关于各特征值的条件数
[V，D，c]=condeig(A)	相当于[V，D]=eig(A)与 c=condeig(A)的组合指令
3. 矩阵函数	
expm	矩阵指数
expm1	矩阵指数的 Pade 逼近
expm2	用泰勒级数求矩阵指数
expm3	通过特征值和特征向量求矩阵指数
funm	计算一般矩阵函数
logm	矩阵对数
sqrtm	矩阵平方根

【例 3-1】　求矩阵 $A = \begin{bmatrix} 1 & 3 & 3 \\ 3 & 1 & 3 \\ 3 & 3 & 1 \end{bmatrix}$ 的特征值和特征向量。

解：在 MATLAB 命令行窗口输入如下语句：

`>> A=[1, 3, 3; 3, 1, 3; 3, 3, 1];`

`>> [V, D]=eig(A)`

MATLAB 会返回结果：

```
A =

    1    3    3
    3    1    3
    3    3    1
V =

  -0.7071  -0.4082  -0.5774
        0   0.8165  -0.5774
   0.7071  -0.4082  -0.5774
D =

  -2.0000        0        0
        0  -2.0000        0
        0        0   7.0000
```

3.1.2　数据处理与统计

　　由于向量和矩阵都是基本的数据单元，所以在数据处理中，如果输入宗量是向量，那么运算对整个向量进行；如果输入宗量是矩阵，那么指令则是按矩阵的列进行的，即默认每列是由对变量的一次观察所得数据。

常用的数据分析函数如表 3-2 所示。

表 3-2　　　　　　　　　　　　　数据分析函数

函数	说　　明
rand(n, m)	生成一个 $n×m$ 的 $[0, 1]$ 区间均匀分布随机数组
randn(n, m)	生成一个 $n×m$ 的均值为 0，标准差为 1 的正态分布随机数组
min(X)	分别对矩阵 X 各列求最小值
max(X)	分别对矩阵 X 各列求最大值
median(X)	分别对矩阵 X 各列求中位数
mean(X)	分别对矩阵 X 各列求均值
std(X)	分别对矩阵 X 各列求标准差
var(X)	分别对矩阵 X 各列求方差
diff(X, m, n)	沿第 n 维求 m 差分和近似微分
prod(X, n)	沿第 n 维求积
sum(X, n)	沿第 n 维求和
trapz(x, Y, n)	梯形法沿第 n 维求函数 Y 关于 x 的数值积分
cumprod(X, n)	沿第 n 维求累计积
cumsum(X, n)	沿第 n 维求累计和
cumtrapz(x, Y, n)	梯形法沿第 n 维求函数 Y 关于 x 的累计积分
sort(X, n)	有小到大排序

【例 3-2】 统计函数使用示例。

解：在 MATLAB 命令行窗口输入如下语句：

```
>> A = rand(100, 1);
max = max(A),
min = min(A).
mea = mean(A),
med = median(A),
v = var(A)
```

MATLAB 会返回结果：

```
max =
    0.9961
min =
    0.0046
```

mea　=

0. 4675

med　=

0. 4447

v　=

0. 0839

【例 3-3】　计算积分 $y(t) = \int_1^t f(\tau)\mathrm{d}\tau$，其中 $f(t) = \ln 2t\cos 3t$，$1 < t < 10$。

解：在 MATLAB 命令行窗口输入如下语句：

\>\> dt = 0. 01；t = 1：dt：10；

\>\> ft = log(2 * t) . * cos(3 * t)；

\>\> yt = dt * cumsum(ft)；

\>\>plot(t，ft，'k：'，t，yt，'k')；　　　%画出 $f(t)$ 和 $y(t)$ 图像

\>\>legend('f(t)'，'y(t)')；grid on；

MATLAB 运行结果如图 3-1 所示。

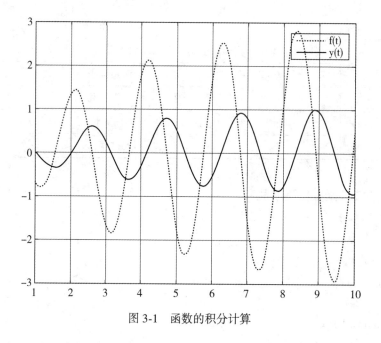

图 3-1　函数的积分计算

由于计算机无法直接对连续信号进行运算，所以需要先把连续信号用离散数据表示，将连续积分近似看做一系列矩形函数求和的结果。在卷积和傅里叶变换中也能够用到这种方法。

3.1.3　多项式运算

在 MATLAB 中，多项式是以向量的形式储存的，例如 n 次多项式为：

$$f(x) = a_0 x^n + a_1 x^{n-1} + \cdots + a_{n-1} x + a_n$$

在 MATLAB 中该多项式表示为 $[a_0, a_1, \cdots, a_{n-1}, a_n]$。

1. 求多项式的值

求多项式的值是由函数 polyval 实现的，该函数的调用格式为：

y＝polyval(p, x)：其中，若 x 为一常数，则求以 p 为系数向量的多项式在该点的值；若 x 为矩阵，则对矩阵中的每个元素求多项式的值。

【例 3-4】　已知多项式 $f(x) = x^5 + 2x^3 - 5x^2 - x + 7$，分别求 $x_1 = 1$ 和 $x_2 = 3$，$x_2 = -5$，$x_2 = 7$，$x_2 = -9$ 时多项式的值。

解：在 MATLAB 命令行窗口输入如下语句：

```
>> p=[1, 0, 2, -5, -1, 7];
>> polyval(p, 1)
ans =
     4
>> polyval(p, [3, -5, 7, -9])
ans =
        256       -3488        17248       -60896
```

以上这种算法输入变量值代入多项式计算时是以数组为单元的，而以矩阵为计算单元进行矩阵式运算时，则需要用 polyvalm。函数 polyvalm(p, X)要求 X 是方阵，以方阵为自变量求多项式的值。

2. 求多项式的根

求多项式的根，是使用函数 roots 实现的，该函数的调用格式为：

r＝roots(p)：其中，p 是多项式的系数向量，r 是所求得的根的向量。

若已知多项式的根，可以用函数 poly 建立该多项式，该函数的调用格式和用法如下：

p＝poly(r)：其中，r 是多项式的根，p 是所得多项式的系数向量。

【例 3-5】　已知多项式 $f(x) = x^4 + 3x^3 - x^2 + 4x - 1$，求其全部根并根据所求根建立一个多项式。

解：在 MATLAB 命令行窗口输入如下语句：

```
>> p=[1, 3, -1, 4, -1];
>> r=roots(p)              %求方程 f(x) 的根
r =
   -3.6062 + 0.0000i
    0.1767 + 1.0322i
    0.1767 - 1.0322i
    0.2528 + 0.0000i
```

```
>> A = poly(r)                %根据根 r 建立多项式
A =
    1.0000      3.0000     -1.0000      4.0000     -1.0000
```

3. 多项式的乘除法运算

多项式的乘除法运算是通过卷积 conv 函数来实现的。多项式的除法是通过反卷积函数 deconv 来实现的。

函数 conv 和函数 deconv 的调用格式分别为：

c = conv(a, b)：其中，a 和 b 分别是两个多项式的系数向量，c 是两个多项式的乘积的系数向量。

[Q, r] = deconv(a, b)：其中，a 和 b 分别是两个多项式的系数向量，Q 是多项式 a 除以多项式 b 返回除法的商式，r 返回除法的余式。

【例3-6】　计算 $a(x) = x^4 + 5x^3 - 3x^2 + 7x + 1$ 和 $b(x) = 3x - 2$ 的乘积和商。

解：在 MATLAB 命令行窗口输入如下语句：

```
>> a = [1, 5, -3, 7, 1]; b = [3, -2];
>> c = conv(a, b), [Q, r] = deconv(a, b)
c =
     3      13     -19      27     -11      -2
```

% $a(x) * b(x)$ 的结果是 $3x^5 + 13x^4 - 19x^3 + 27x^2 - 11x - 2$

```
Q =
    0.3333      1.8889      0.2593      2.5062
r =
         0          0          0          0      6.0123
```

% $a(x)/b(x)$ 的结果的商是 $0.3333x^3 + 1.888x^2 + 0.2593x + 2.5062$，余数是 6.0123

4. 多项式的微分

多项式的微分是通过 polyder 函数来实现的，该函数的调用格式为：

k = polyder(p)：求多项式 p 的导函数。

【例3-7】　求 $f(x) = x^4 - x^3 + 3x^2 + 5x - 2$ 的导函数。

解：在 MATLAB 命令行窗口输入如下语句：

```
>>p = [1, -1, 3, 5, -2];
>> dp = polyder(p)
dp =
     4     -3      6      5
>> poly2sym(dp)
ans =
4 * x^3 - 3 * x^2 + 6 * x + 5
```

5. 多项式拟合

在工程和科研中，经常会应用到多项式拟合。在 MATLAB 中多项式拟合是通过函数 polyfit 来实现的，该函数的调用格式为：

polyfit(x，y，n)：其中，x 和 y 是已知采样点的横坐标向量和纵坐标向量，n 是拟合多项式的阶数。

【例 3-8】 分别用 5 阶多项式对[0，π/2]上的正弦函数进行多项式拟合。

解：在 MATLAB 命令行窗口输入如下语句：

>> x=linspace(0，pi/2，20)；

>> y=sin(x)；

>> a=polyfit(x，y，5)；

>>y2=a(1)*x.^5+a(2)*x.^4+a(3)*x.^3+a(4)*x.^2+a(5)*x++a(6)；

>> plot (x，y1，'k'，x，y2，'r*')

>>legend('virgin curve'，'fitting curve')

MATLAB 运行结果如图 3-2 所示。

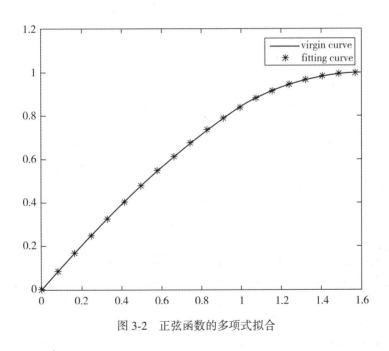

图 3-2   正弦函数的多项式拟合

3.2   符号运算

上节介绍了数值运算的相关内容，它是基于实际数据的分析和处理，在对工程实例的各种分析中都十分常用。本节所介绍的符号计算则是通过推理解析的方式进行的，避免了数值计算带来的误差，并且符号运算得到解析式结果后，可以再得到精确的数值结果。

要使用 MATLAB 来进行符号计算，只需使用 MATLAB 中的符号数学工具箱。

在数值计算中，运算的操作对象是数值，需要先赋值，而在符号运算中，变量都是以字符的形式保存和运算的。

MATLAB 中创建符号函数一般会使用 syms 命令，如：

>> syms a;　　　　　%定义符号变量 a

而当使用 syms 命令定义多个变量时，各变量之间需要用空格分隔，而不能用逗号或者分号，如：

>> syms a b c;　　　　%定义符号变量 a

但是此方法不能用来创建符号函数，如果要创建符号函数，则需要用 sym 命令。定义一个符号函数时，需要先对函数中的每个符号变量进行定义，然后再定义符号函数。例如：

>> syms a b x;　　　　%定义符号变量

>> f = sym('a * sin(x) + b * cos(x)')　　　　%定义符号函数

在符号运算中使用的运算符和数值计算中的一样，但是符号运算中的关系运算符只有"=="和"~="两种，而没有表示大于和小于。

对于符号运算，可以使用的基本函数和数值运算中的函数基本相同，但是符号计算中没有 atan2、log2 和 log10，并且符号运算中没有求复数相角的指令。

表 3-3 中列出了符号计算所需要运用的指令。

表 3-3　　　　　　　　　　　　　　符号计算的指令

函　　数	说　　明
s = symsum(f, v, a, b)	符号求和
intf = int(f, v)	符号不定积分
intf = int(f, v, a, b)	符号定积分
dfdvn = diff(f, v, n)	符号微分

符号计算的方法十分适合描述信号与系统，它具有简单直观、理论性强的优点。

【例 3-9】　已知 $x(t) = \cos(2\pi t)u(t)$，$y(t) = tu(t)$。试计算 $t \in [-1, 2]$ 区间内的 $z_1(t) = 5x(t)$，$z_2(t) = x(t) + y(t)$，$z_3(t) = x(t)y(t)$，$z_4(t) = x(2t)$。

解：在 MATLAB 命令行中输入下列命令：

>>syms t x y z1 z2 z3 z4;　　　　　　　%定义符号变量

>>x = sin(2 * pi * t). * heavisde(t);　　　　%定义 x 函数表达式

>>y = t. * heavisde(t);　　　　　　　　%定义 y 函数表达式

>>z1 = 5 * x, z2 = x+y, z3 = x * y;　　　　%直接计算 z1, z2, z3

>>z4 = subs(x, t, 2 * t);　　　　　　　%计算出 z4 的表达式

>>x1 = subs(x, t, [-1: 0.05: 2]);　　　　%算出 t 取值从−1 到 2 的区间内 x 值

同理，要计算 z1, z2, z3, z4，用同样的方法代入数值即可。

第4章 MATLAB 绘图

MATLAB 拥有强大的绘图能力及数据可视化功能。MATLAB 可以根据给出的数据，用相应的命令在屏幕中画出图形，通过图形更形象地描述出所求的内容。本章将简单介绍 MATLAB 的绘图功能。

4.1 二维图形

二维图形是工程和科学研究的基础，是在绝大多数计算中都需要运用到的图形。本节主要对二维图形的绘制进行介绍。

4.1.1 连续函数的二维图形

连续函数的二维图形通常用 plot 命令来实现，它是一个功能很强的命令，其基本调用命令有以下四种：

1. plot(X)

如果 X 是实向量，则以该向量元素的下标为横坐标，元素值为纵坐标绘制曲线。

如果 X 是矩阵，则将矩阵按每个列向量绘制一条曲线，总共绘制的曲线和矩阵的列数相同。

2. plot(X，Y)

如果 X，Y 均为向量，则以 X 向量为横坐标，Y 向量为纵坐标，按照向量 X，Y 中元素的排列顺序绘制曲线，但是这种情况下，X 和 Y 需要拥有同样的长度。

如果 X 为向量，Y 为矩阵，则以 X 作为横坐标绘制多条色彩不同的曲线，曲线总数等于矩阵 Y 的另一个维数。

3. plot(X，Y，s)

在使用 plot 命令的同时，对曲线的线型、色彩、数据点型等进行制定，s 的参数如表 4-1 所示。

4. plot(X1，Y1，'s1 '，X2，Y2，'s'，…)

相当于多次执行 plot(X，Y，'s ')命令，在一张图中画出多条曲线。

表 4-1　　　　　　　　　　　　　　　**s 参数取值**

符　号	说　明
线型	
−	实线
:	虚线
−.	点画线
−−	双画线
色彩	
b	蓝色
g	绿色
r	红色
c	青色
m	品红
y	黄色
k	黑色
w	白色
数据点型	
.	黑点
+	加号
*	星号
o	圆圈
x	叉
^	上尖
v	下尖
<	左尖
>	右尖
d	菱形
s	方块
p	五角星
h	六角

【例 4-1】　绘制 3 组随机数图形。

解：MATLAB 程序如下：

```
x=linspace(1,10,10);
y1=10*(rand(1,10)+1);
y2=10*rand(1,10);
y3=10*(rand(1,10)-1);
plot(x,y1,'-',x,y2,':',x,y3,'-. ')
title('3 组随机数图形');
legend('第 1 组','第 2 组','第 3 组');
```

运行结果如图 4-1 所示。

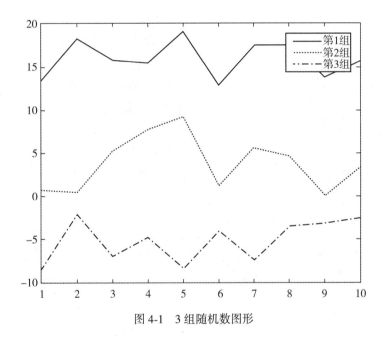

图 4-1　3 组随机数图形

4.1.2　离散数据绘制

对于离散数据的绘制，一般使用 stem 命令来实现，其调用命令主要有以下三种：

1. stem(Y)

如果 Y 为实向量，则以该向量元素的下标为横坐标，以元素值为纵坐标绘制离散图。如果 Y 为矩阵，则按列绘制离散图，每列用一种颜色表示。

2. stem(X, Y)

以 X 为自变量，以 Y 为因变量绘制离散图。

3. stem(X, Y, 's')

类似 plot 绘制连续函数图像，s 表示图中色彩点型等，s 参数见表 4-1。

【例 4-2】　绘制 cos$x$ 的离散图。

解：MATLAB 命令行输出如下语句：

\>> x = [0：0.1：10]；

\>> y = cos(x)；

\>> stem(x, y)；

\>> stem(X, Y)

运行结果如图 4-2 所示。

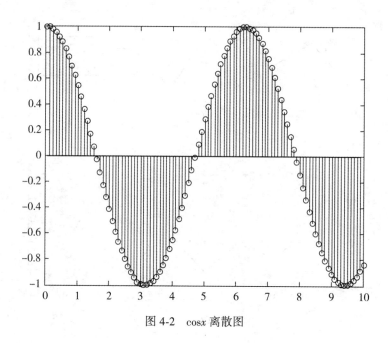

图 4-2　cos$x$ 离散图

4.1.3　极坐标图

对于极坐标的二维图形，一般使用 polar 命令来实现，polar 命令的使用格式如下：

polar(theta, rho, 's')：围绕原点，以角度 theta(单位为弧度)为自变量，以半径 rho 为因变量绘制极坐标图，s 作用于 plot 命令中一致，表示图中色彩点型等，s 参数见表 4-1。

【例 4-3】　绘制 $f(\theta) = \sin\theta\cos(2\theta)$ 的极坐标图。

解：在 MATLAB 命令行窗口输入如下语句：

\>> theta = 0：0.02：2 * pi；

\>> rho = sin(theta). * cos(2 * theta)；

\>> polar(theta, rho, 's')

运行结果如图 4-3 所示。

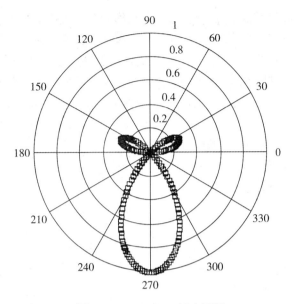

图 4-3　$\sin\theta\cos(2\theta)$ 极坐标图

4.1.4　其他二维图形命令

其他绘制二维图形的命令如表 4-2 所示。

表 4-2　　　　　　　　　　其他绘制二维图形的命令

函　　数	说　　明
bar	条形图
barth	水平条形图
hist	直方图
fill	多表型填充
pie	饼状图
scatter	散点图
stairs	阶梯图

4.2　三维图形

在日常科学研究和工程中，计算结果表现为三维图形的情况十分常见，因此 MATLAB 也提供了三维图形的绘制功能。

4.2.1　三维曲线图

绘制一般的三维曲线图的命令是 plot3，和二维图形的命令相比只是增加了一个维数。其调用格式如下：

plot3(X，Y，Z)：如果 X，Y，Z 是三个相同维数的向量，则绘制出这些向量所表示的曲线；如果 X，Y，Z 是三个相同阶数的矩阵，则绘制出这三个矩阵的列向量曲线。

另外 plot(X1，Y1，Z1，X2，Y2，Z2，…)的使用方式和 plot 中的一样，等同于是多次使用 plot3 的命令。

【例4-4】　绘制三维螺旋线的图形。

解：在 MATLAB 命令行窗口输入如下语句：

```
>> t=0：0.1：10 * pi；
>> x=cos(t)；
>> y=sin(t)；
>> z=t；
>> plot3(x，y，z)；
>> grid on
>> text(0，0，0，'O')
>> title('三维螺旋曲线')
>> xlabel('x')，ylabel('y')，zlabel('z')
```

运行结果如图 4-4 所示。

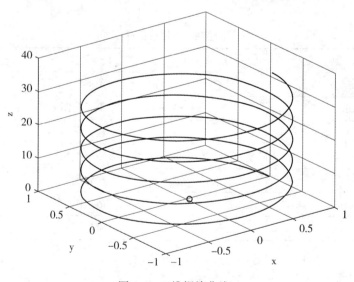

图 4-4　三维螺旋曲线

4.2.2　三维曲面图

MATLAB 中提供了一系列绘制三维曲面图时所需要用到的函数，如表 4-3 所示。

表 4-3　　　　　　　　　　　　　三维曲面图函数

函　数	说　明
mesh	三维网格图
meshc	画网格图和等值线图
meshz	绘制带底座的网格图
surf	三维表面图
meshgrid	生成网格点

在三维曲面图函数之中，meshgrid 函数是较为简单的，其作用是将给定的区域按一定的方式划分成平面网格，该函数的调用格式如下：

[X，Y]=meshgrid(x，y)：其中，x，y 是给定的向量，矩阵 X，Y 是网格划分后的数据矩阵。

mesh 函数是用来绘制三维网格图的，其调用格式如下：

mesh(X，Y，Z，C)：其中，X，Y 是网格的坐标矩阵，Z 是网格点上的高度矩阵，C 控制颜色的范围。当 C 省略时，默认 C=Z，即颜色设定和网图高度成正比。当 X，Y 省略时，将 Z 矩阵的列下标当做 x 轴，行下标当做 y 轴，绘制曲面。

surf 函数是用来绘制三维表面图的，其调用格式与 mesh 函数类似。

【例 4-5】　绘制一个三维曲面图。

解：在 MATLAB 命令行窗口输入如下语句：

```
>> x=-10：0.5：10；y=x';
>> a=ones(size(y))*x;
>> b=y*ones(size(x));
>> c=sqrt(a.^2+b.^2)+eps;
>> z=sin(c)./c;
>> mesh(z)
```

运行结果如图 4-5 所示。

4.2.3　特殊的三维图形

除了上述常见的三维图形外，MATLAB 还给出一些特殊的三维图形函数，如表 4-4 所示。

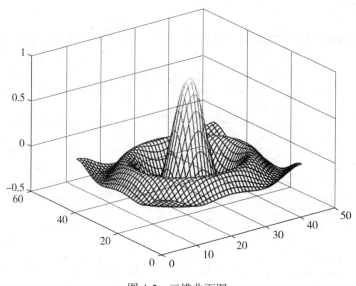

图 4-5　三维曲面图

表 4-4　　　　　　　　　　　　　　　　特殊三维图形函数

函　　数	说　　明
bar3	三维条形图
bar3h	三维水平条形图
pie3	三维饼状图
quiver3	三维箭头图
slice	实体切片图
stem3	三维离散序列图
comet3	三维彗星轨迹图
scatter3	三维散点图
cylinder	柱面图
sphere	球面图

4.3　句柄图形

句柄图形是 MATLAB 对图形底层的总称，对句柄图形的操作实际上是进行生成图形的工作，其使 MATLAB 的图形处理功能更加丰富。例如，如果想画一条线，并使用 plot 命令中没有的颜色，可以利用图形句柄提供的方法来实现。

4.3.1　句柄图形结构层次

句柄图形是将一个图形的对象分解成若干个层次，每一个层次又包含多个子对象，而每一个对象又可以看做是由若干个句柄与之对应。

MATLAB 语言中句柄图形对象共有 11 种，分别是根屏幕、图形对象、界面控件、坐标系对象、界面菜单、图像对象、线对象、贴片对象、面对象、文本对象、光源对象。

根屏幕下可以创建多个图形窗口，而图形窗口包含界面控件、界面菜单和坐标系对象，其中每一个坐标系对象也可以有多个图形对象、线对象、面对象、文本对象等。当创建某一对象时，如果父对象不存在，则系统会创建其父对象。

4.3.2　访问句柄对象

访问句柄对象是对句柄对象操作的前提，在表 4-5 列出了实现句柄访问的函数。

表 4-5　　　　　　　　　　　　　　　　句柄访问函数

函　　数	说　　明
gca	返回当前轴的句柄
gca	返回当前图形窗口的句柄
gco	返回最近被鼠标点击的图形对象的句柄

通过上述句柄访问函数，可以方便地实现对图形对象的操作。

4.3.3　句柄操作

MATLAB 语言提供了几种句柄操作的函数，下面详细介绍两种常用的函数的使用方法。

1. get

P = get(H，'属性名')：此时返回句柄对应的图形对象包含的指定属性的属性值，如果 H 是列向量，则返回值是同样大小的向量，每一个元素对应指定对象的属性值；如果属性名是以 $1 \times n$ 单元数组输入的，则结果是 $m \times n$ 的单元数组。

2. set

对于对属性的设置函数 set，其调用格式如下：

set(H，'属性名'，'属性值')：句柄 H 可以是向量，函数 set 为所有对象设置属性值。

set(H，a)：这里的 a 为结构，其域名就是对象的属性名，属性值在域中，set 函数把属性值赋给和域名相同的属性，句柄 H 为标量。

set(H，pn，pv)：其中，pn 是 $1 \times n$ 维数组，其中的元素为需要设置的属性名，pv 中的元素是要设置的属性值，它把句柄中指定的所有对象的属性设置为"pv"中的指定值。

【例 4-6】　图像句柄属性使用示例。

解：在命令窗口中键入：

\>> x = 0：2 * pi/180：2 * pi；

\>> y1 = cos(x)；

\>> H1 = plot(x，y)

H1 =

　　154.0016

运行结果如图 4-6 所示。

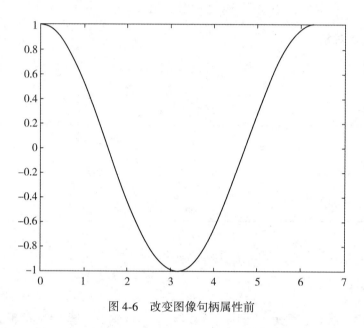

图 4-6　改变图像句柄属性前

\>> set(H，'color'，[1 . 5 0]，'LineWidth'，3)

\>> y2 = sin(x)；

\>> hold on

\>> H2 = plot(x，y2)；

\>> set(H2，'Color'，[. 75 . 75 1])

\>> hold off

\>> title('句柄示例')

\>> H_ text = get(gca，'title')

H_ text =

　　156.0011

\>> set(H_ text，'FontSize'，15)

执行命令后，运行结果如图 4-7 所示。

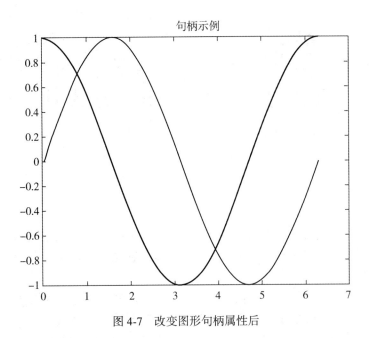

图 4-7　改变图形句柄属性后

第5章 MATLAB 程序设计

5.1 M 文件

在前述章节中，在命令行键入命令，然后 MATLAB 逐条进行执行，这种程序执行方式称为命令执行方式，其具有操作简单方便、直观的特点，但是这种程序阅读性不强，而且这种程序不能储存。

在需要实现一些较大的工程项目时，因为求解问题复杂并且语句较多时，如果采用命令执行方式，将会严重降低工作效率，所以这时就需要采用程序执行方式。这种方式将一行行命令写在文件中，即"M 文件"，这些文件都以". m"为文件的扩展名。当在 MATLAB 中运行该程序后，MATLAB 会按顺序执行该文件中的命令。这样编写的程序可读性强，结构清晰，易于调试。

MATLAB 语言中的 M 文件可以分为两种类型：一种是脚本文件，另一种是函数文件。

5.1.1 脚本文件

脚本文件是最简单的 M 文件，该文件的运行就相当于在命令窗口逐行输入并运行命令。所以，如果用户想在命令行重复某些计算时，可以使用脚本文件。

如果要编写脚本文件，只需要将所需要执行的命令输入到指定的文件中即可，而且脚本文件中的变量不需要预先定义，也不存在文件名对应的问题。

【例 5-1】 编写脚本文件，绘制 MATLAB 的 LOGO 图。

解：点击 MATLAB 中新建脚本文件图标，打开一个空白的文本编辑窗口，在其中输入如图 5-1 所示内容。

编写好脚本文件之后，将文件保存在 MATLAB 的安装目录下，并将文件名取为"logo. m"。

在 MATLAB 的命令行输入 logo，MATLAB 会返回结果：

n =

43

并同时会得到如图 5-2 所示的效果图。

5.1.2 函数文件

函数文件的标志是其第一行是 function 语句，后面的函数名必须与文件名相同。函数

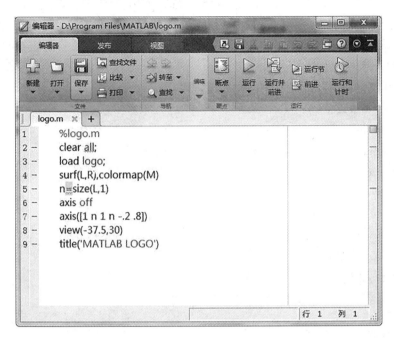

图 5-1　文本编辑器中的脚本文件

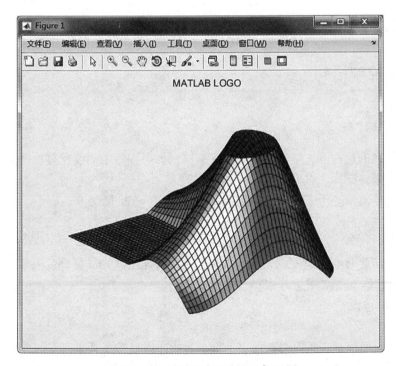

图 5-2　利用脚本文件绘制的 LOGO 图

文件可以进行变量传递，有输入输出变量。函数式文件中除非用 global 声明，程序中的变量均为局部变量，不保存在工作空间中。函数文件在 MATLAB 中应用十分广泛，MATLAB 提供的绝大多数功能函数都是由函数文件实现的，由此可见函数文件的重要性。

【例 5-2】 求一个向量元素的平均值。

解：打开文本编辑器，在其中编写如下程序：

```
function x = average( A)
%Calculate the average of vector
%If the input is not a vector, the program will be error
[m,n] = size( A) ;
if( ~ ( ( m = = 1) | ( n = = 1) ) | ( m = = 1&n = = 1) )
disp( 'Input must be a vector' )
end
x = sum( A) /length( A) ;
```

编辑完成后，以 average. m 文件名保存。

然后，只需要在 MATLAB 命令行输入如下命令：

```
>>A = 1:50;
>>x = average( A)
```

MATLAB 会返回结果：

```
x =
    25. 5000
```

5.2　程序控制语句

5.2.1　循环结构

在处理问题的过程中，经常会遇到重复运算，如果程序中需要反复执行某个语句，这时就需要用到循环结构。

MATLAB 语言中提供了两种循环结构：for 循环和 while 循环。

1. for 循环结构

for 循环的判断条件是对循环次数的判断，在 MATLAB 中 for 循环的基本结构如下：

```
for 循环变量 = 变量初值 : 步长值 : 变量终值
    循环语句体
end
```

其中，步长可以是正数、负数或者小数，省略时默认步长为 1。

【例 5-3】 使用 for 循环计算 $\sum_{n=1}^{500} n$ 的值。

解：MATLAB 程序如下：

```
sum = 0;
for i = 1:500
    sum = sum+i
end
```

MATLAB 执行程序结果为：

125250

在 for 循环中，一定要有 end 作为结果标志，否则，下面的输入都会被认为是循环结构中的内容。而且在 for 循环结构中，不仅可以使用行向量进行循环迭代处理，也可以使用矩阵作为循环次数的控制变量，这时循环的索引值将直接使用矩阵的每一列，循环次数为矩阵的列数。

【例 5-4】　通过编程生成一个 5 阶矩阵，使其对角线上元素都为 1，与对角线相邻的元素都为 3，其余元素都为 0。

解：MATLAB 程序如下：

```
a = eye(5);
for ii = 1:5
    a(ii,ii+1) = 3;
    a(ii+1,ii) = 3;
end
a
```

MATLAB 执行程序结果为：

```
a =
    1    3    0    0    0    0
    3    1    3    0    0    0
    0    3    1    3    0    0
    0    0    3    1    3    0
    0    0    0    3    1    3
    0    0    0    0    3    0
```

2. while 循环结构

与 for 循环相比，while 循环的判断控制是一个逻辑判断语句，在 MATLAB 中 while 循环的基本结构如下：

```
while 表达式
    循环语句体
end
```

当表达式为"真"时，就执行语句体，当表达式为"假"时，则终止该循环。

【例 5-5】　使用 while 循环计算 $\sum\limits_{n=1}^{500} n$ 的值。

解：MATLAB 程序如下：

```
i = 1;
sum = 0;
while( i < = 500)
sum = sum+i;
i = i+1
end
sum
```

MATLAB 执行程序结果为：

　　125250

需要注意的是，MATLAB 中没有类似 C 语言中的"++"或者"＋＝"等运算操作符，因此在进行累加或者递减的运算时，必须给出完整的表达式。

3. break 语句和 continue 语句

当 break 语句使用在循环体中的时候，其作用是能够在执行循环体的时候强迫终止循环，使其提前退出循环。

continue 语句出现在循环体中的时候，其作用是能够中断本次循环体运行，将程序的流程跳转到判断循环条件的语句出，继续下一次循环。

【例 5-6】　求 [100，250] 之间第一个能被 29 整除的整数。

解：MATLAB 程序如下：

```
for n = 100:250
    if rem( n,29) ~ = 0;
        continue
    else
        ans = n
    end
    break
end
```

MATLAB 执行程序结果为：

```
ans  =
    116
```

break 语句的作用是退出当前的循环结构运行，所以在上例中如果不用 break，则得到该区间内所有能被 29 整除的整数 116，145，174，203，232。

5.2.2　选择结构

在一些复杂的计算中，常常需要根据表达式的情况是否满足条件来确定下一步该做什么，这时就需要用到选择结构。

1. if 语句

if 语句有三种格式，分别如下：

（1）单分支 if 语句：

if 表达式

　　语句体

end

这种形式的选择结构表示当条件成立时，会执行语句体，执行完之后，继续执行 if 的后续语句；如果条件不成立，则直接执行 if 语句的后续语句。

（2）双分支 if 语句：

if 表达式

　　语句体 1

else

　　语句体 2

end

这种形式的选择结构表示当表达式的计算结果成立时，执行语句体 1，否则，执行语句体 2，在执行完语句体之后，继续执行 if 语句的后续语句。

（3）多分支 if 语句：

if 表达式 1

　　语句体 1

elseif 表达式 2

　　语句体 2

……

else

　　语句体 n

end

这种选择结构可以先判断多条关系运算表达式的计算结果，然后按照表达式的结果执行语句。

【例 5-7】　计算分段函数

$$y = \begin{cases} \sin x^2, & x < -1 \\ \ln(x+4), & x \geq -1 \end{cases}$$

解：用双分支 if 语句实现，MATLAB 程序如下：

x = input('x =');

if x < -1

y = sin(x^2)

else

y = log(x+4)

end

2. switch 语句

在使用 if 语句处理多分支问题时，会使得程序变得十分冗长，从而降低了程序的可读性，所以 MATLA 加了 switch 语句处理这种多分支的问题。其格式如下：

```
switch 表达式
    case 表达式 1
        语句体 1
    case 表达式 2
        语句体 2
……
    otherwise
        语句体 n
end
```

【例 5-8】　某超市对顾客采购实行打折销售，执行的标准为：消费金额小于 50 元的，没有折扣；介于 100~150 元之间的，5%折扣；介于 150~200 元之间的，8%折扣；介于 200~250 元之间的，10%折扣；大于 250 元的，12%折扣。输入消费金额，求顾客应付金额。

解：MATLAB 程序如下：

```
price = input('请输入消费金额');
switch fix( price/50)
    case {0,1}
        rate = 0
    case {2}
        rate = 5/100
    case{3}
        rate = 8/100
    case{4}
        rate = 10/100
    otherwise
        rate = 12/100
end
price = price * ( 1-rate)
```

执行程序结果为：

```
请输入消费金额 170
price  =
        156. 4000
```

第 6 章　Simulink

6.1　Simulink 简介

6.1.1　Simulink 介绍

　　Simulink 是 MATLAB 最重要的组件之一，它提供一个动态系统建模、仿真和综合分析的集成环境。在该环境中，无需大量书写程序，而只需通过简单直观的鼠标操作，就可构造出复杂的系统。Simulink 具有适应面广，结构和流程清晰，以及仿真精细、贴近实际、效率高、灵活等优点，基于以上优点，Simulink 已被广泛应用于控制理论和数字信号处理的复杂仿真和设计。同时，有大量的第三方软件和硬件可应用于或被要求应用于 Simulink。

　　Simulink 有以下几大特点：

　　(1)丰富的可扩充的预定义模块库；

　　(2)交互式的图形编辑器来组合和管理直观的模块图；

　　(3)以设计功能的层次性来分割模型，实现对复杂设计的管理；

　　(4)通过 Model Explorer 导航、创建、配置、搜索模型中的任意信号、参数、属性，生成模型代码；

　　(5)提供 API 用于与其他仿真程序的连接或与手写代码集成；

　　(6)使用 Embedded MATLAB™ 模块在 Simulink 和嵌入式系统执行中调用 MATLAB 算法；

　　(7)使用定步长或变步长运行仿真，根据仿真模式(Normal，Accelerator，Rapid Accelerator)来决定以解释性的方式运行或以编译 C 代码的形式来运行模型；

　　(8)以图形化的调试器和剖析器来检查仿真结果，诊断设计的性能和异常行为；

　　(9)可访问 MATLAB，从而对结果进行分析与可视化，定制建模环境，定义信号参数和测试数据；

　　(10)模型分析和诊断工具来保证模型的一致性，确定模型中的错误。

6.1.2　Simulink 的使用方法

　　1. 在 MATLAB 命令窗口中输入"simulink"

　　结果是在桌面上出现一个称为 Simulink Library Browser 的窗口，在这个窗口中列出了按功能分类的各种模块的名称。

当然，用户也可以通过 MATLAB 主窗口的快捷按钮来打开 Simulink Library Browser
窗口。

2. 在 MATLAB 命令窗口中输入"simulink3"

结果是在桌面上出现一个用图标形式显示的 Library：simulink3 的 Simulink 模块库
窗口。

两种模块库窗口界面只是显示形式不同，用户可以根据各人喜好进行选用，一般说
来，第二种窗口直观、形象，易于初学者，但使用时会打开太多的子窗口。

6.2　Simulink 的基本模块

Simulink 模块框图是动态系统的图形显示，由一组称为模块的图标组成，模块之间采
用连线联结。每个模块代表了动态系统的某个单元，并且产生一定的输出。模块之间的连
线表明模块的输入端口与输出端口之间的信号联结。模块的类型决定了模块输出与输入、
状态和时间之间的关系。一个模块框图可以根据需要包含任意类型的模块。

模块代表了动态系统某个功能单元，每个模块一般包括一组输入、状态和一组输出等
几部分。

6.2.1　输入源模块——sources

输入源是用来提供输入信号的。输入源模块的图形表述如图 6-1 所示，对于几个常用
的输入源模块在表 6-1 中进行了介绍。

6.2.2　接收模块——sinks

接收模块是用来输出和显示信号的。接收模块的图形表述如图 6-2 所示，对于几种常
用的接收模块在表 6-2 中进行了介绍。

表 6-1　　　　　　　　　　　　　　　常用的输入源模块

名　　称	说　　明
Clock	输出每个仿真步点的时刻
Constant	输出常数
In1	输出单元
Pluse Generator	脉冲发生器，和采样时间无关
Random Number	输出高斯分布的随机信号
Repeating Sequence	输出类似锯齿波的重复线性信号
Signal Generator	信号发生器
Sine Wave	输出正弦波
step	阶跃信号

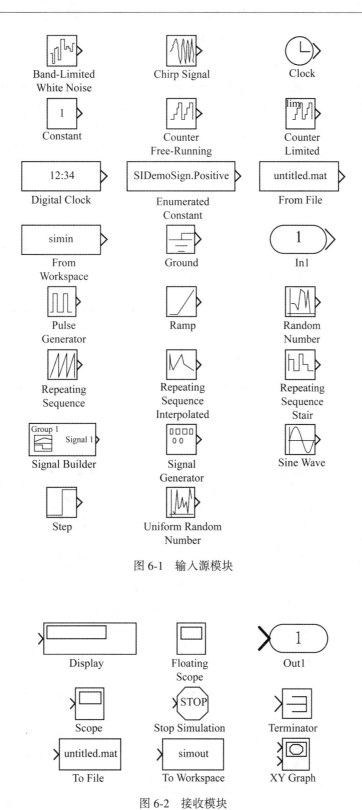

图 6-1　输入源模块

图 6-2　接收模块

表 6-2　　　　　　　　　　　　　　　　常用的接收模块

名　称	说　明
Display	数值显示
Floating Scope	游离示波器
Out1	输出端口
Scope	示波器
Stop Simulation	输入不为零时停止仿真
Terminator	接收终端
XY Graph	显示信号的 x–y 图形

6.2.3　连续系统模块——continuous

连续系统模块的图形表述如图 6-3 所示，对于几种常用的连续系统模块在表 6-3 中进行了介绍。

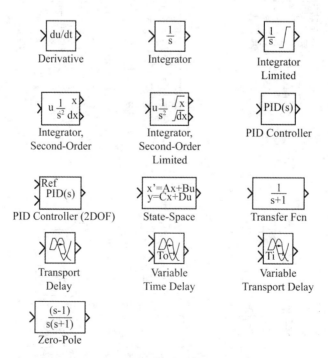

图 6-3　连续信号模块

表 6-3　　　　　　　　　　　　　　　　常用的连续信号模块

名　称	说　明
Derivative	微分模块
Integrator	积分模块
State-Space	状态空间
Transfer Fcn	传输函数模块
Zero-Pole	系统的零极点表示模块

6.2.4　离散系统模块——discrete

离散系统模块的图形表述如图 6-4 所示，对于几种常用的连续系统模块在表 6-4 中进行了介绍。

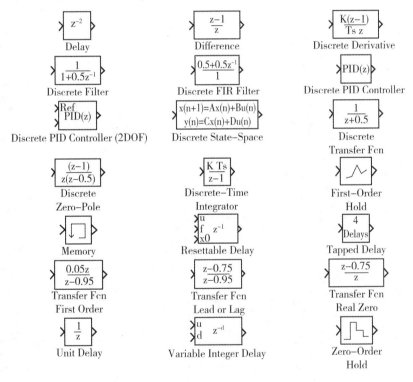

图 6-4　离散系统模块

表 6-4　　　　　　　　　　　　　　　　常用的离散信号模块

名　称	说　明
Discrete fliter	离散滤波器
Discrete State-Space	离散状态方程
Discrete Transfer Fcn	离散传递函数

名　　称	说　　明
Discrete Zero-Pole	离散零极点表示模型
Discrete-Time Integrator	离散时间积分
Unit Delay	单位延迟模块

6.2.5　数学运算模块——math operations

离散系统模块的图形表述如图 6-5 所示，对于几种常用的连续系统模块在表 6-5 中进行了介绍。

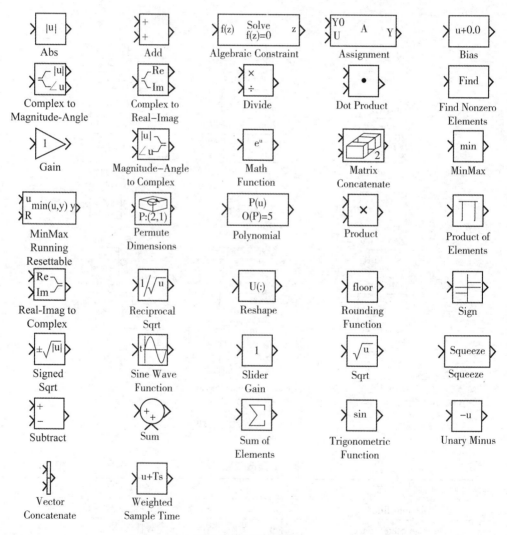

图 6-5　数学运算模块

表 6-5　　　　　　　　　　　常用的数学运算模块

名　称	说　明
Abs	求绝对值或取模
Algebraic Constraint	强制输入信号为零
Dot Product	内积
Gain	常量增益
Math Function	数学运算函数
MinMax	求最值
Product	对输入求积或者商
Rounding Function	取整函数
Sign	取输入的正负符号
Sum	对输入求和

6.3　Simulink 模型的仿真

6.3.1　Simulink 的建模方法

对于 Simulink 的建模可以分为以下八步：

(1)画出系统草图；

(2)启动 simulink 模块库浏览器，新建一个空白模型；

(3)在库中找到所需模块并拖到空白模型窗口中，按系统草图的布局摆放好各模块并连接各模块；

(4)如果系统较复杂、模块太多，可以将实现同一功能的模块封装成一个子系统，使系统的模型看起来更简洁；

(5)设置各模块的参数以及与仿真有关的各种参数；

(6)保存模型，模型文件的后缀名为 .mdl；

(7)运行仿真，观察结果；

(8)调试模型。

6.3.2　建模型步骤

下面简单介绍各个命令的使用，不给出使用这些命令所建立的系统模型框图。

1. new_ system

(1)使用语法：

new_ system('sys ')

(2)功能描述：使用给定的名称建立一个新的 Simulink 系统模型。如果 sys 为一个路径，则新建立的系统为在此路径中指定的系统模型下的一个子系统。注意，new_ system 命令并不打开系统模型窗口。

(3)举例：

new_ system('mysys')　　%建立名为 mysys 的系统模型

new_ system('vdp/mysys')　　%建立系统模型 vdp 下的子系统 mysys

2. Open_ ystem

(1)使用语法：

open_ system('sys')

open_ system('blk')

open_ system('blk', 'force')

(2)功能描述：打开一个已存在的 Simulink 系统模型。

open_ system('sys')：打开名为 sys 的系统模型窗口或子系统模型窗口。注意，这里 sys 使用的是 MATLAB 中标准路径名(绝对路径名或相对于已经打开的系统模型的相对路径名)。

open_ system('blk')：打开与指定模块 blk 相关的对话框。

open_ system('blk', 'force')：打开封装后的子系统，这里 blk 为封装子系统模块的路径名。这个命令与图形建模方式中的 Look under mask 菜单功能一致。

(3)举例：

Open_ system('controller')　　　　%打开名为 controller 的系统模型

open_ system('controller/Gain')　　　%打开 controller 模型下的增益模块 Gain 的对话框

3. save_ system

(1)使用语法：

save_ system

save_ system('sys')

save_ system('sys', 'newname')

(2)功能描述：保存一个 Simulink 系统模型。

save_ system：使用当前名称保存当前顶层的系统模型。

save_ system('sys')：保存已经打开的系统模型，与 save_ system 功能类似。

save_ system('sys', 'newname')：使用新的名称保存当前已经打开的系统模型。

(3)举例：

save_ system　　　%保存当前的系统模型

save_ system('vdp')　　　%保存系统模型 vdp

save_ system('vdp', 'myvdp')　　　%保存系统模型 vdp，模型文件名为 myvdp

4. add_ block

（1）使用语法：

add_ block('src', 'dest')

add_ block('src', 'dest', 'parameter1', value1,…)

（2）功能描述：在系统模型中加入指定模块。

add_ block('src', 'dest')：拷贝模块 src 为 dest（使用路径名表示），从而可以从 Simulink 的模块库中复制模块至指定系统模型中，且模块 dest 参数与 src 完全一致。

add_ block('src', 'dest_ obj', 'parameter1', value1,…)：功能与上述命令类似，但是需要设置给定模块的参数 parameter1，value1 为参数值。

（3）举例：

add_ block('simulink3/Sinks/Scope', 'engine/timing/Scopel')

%从 Simulink 的模块库 Sinks 中复制 Scope 模块至系统模型 engine 中子系统 timing 中，其名称为 Scope1

5. delete block

（1）使用语法：

delete_ block('blk')

（2）功能描述：从系统模型中删除指定模块。

delete_ block('blk')：从系统模型中删除指定的系统模块 blk。

（3）举例：

delete_ block('vdp/Out1')　　%从 vdp 模型中删除模块 Out1

6. replace block

（1）使用语法：

replace block('sys', 'blk1', 'blk2', 'noprompt')

replace block('sys', 'Parameter', 'value', 'blk',…)

（2）功能描述：替代系统模型中的指定模块。

Replace_ block('sys', 'blk1', 'blk2')：在系统模型 sys 中使用模块 blk2 取代所有的模块 blk1。如果 blk2 为 Simulink 的内置模块，则只需要给出模块的名称即可，如果为其他的模块，则必须给出所有的参数。如果省略 noprompt，则 Simulink 会显示取代模块对话框。

replace_ block('sys', 'Parameter', 'value',…, 'blk')：取代模型 sys 中具有特定取值的所有模块 blk。Parameter 为模块参数，value 为模块参数取值。

（3）举例：

Replace_ block('vdp', 'Gain', 'Integrator', 'noprompt')：使用积分模块 Integrator 取代系统模型 vdp 中所有的增益模块 Gain，并且不显示取代对话框

7. Add_ line、delete_ line

（1）使用语法：

h＝add_ line('sys', 'oport', 'iport')

h＝add_ line('sys', 'oport', 'iport', 'autorouting', 'on')

Delete_ line('sys', 'oport', 'iport')

（2）功能描述：在系统模型中加入或删除指定连线。

add_ line('sys', 'oport', 'iport')：在系统模型 sys 中给定模块的输出端口与指定模块的输入端口之间加入直线。oport 与 iport 分别为输出端口与输入端口（包括模块的名称、模块端口编号）。

add_ line('sys', 'oport', 'iport', 'autorouting', 'on')：与 add_ line('sys', 'oport', 'iport')命令类似，只是加入的连线方式可以由 autorouting 的状态控制：on 表示连线环绕模块，而 off 表示连线为直线（缺省状态）。

delete_ line('sys', 'oport', 'iport')：删除由给定模块的输出端口 oport 至指定模块的输入端口 iport 之间的连线。

（3）举例：

add_ line('mymodel', 'Sine Wave/1', 'Mux/1)　%在系统模型'mymodel '中加入由正弦模块 SineWave 的输出至信号组合模块 Mux 第一个输入间的连线

Delete_ line('mymodel', 'Sine Wave/1', 'Mux/1')　%删除系统模型'mymodel '中由正弦模块 SineWave 的输出至信号组合模块 Mux 第一个输入间的连线

8. set_ param 和 get_ param

（1）使用语法：

set_ param('obj', 'parameter1', value1, 'parameter2', value2,…)

set_ param('obj', 'parameter')

set_ param({objects}, 'parameter')

set_ param(handle, 'parameter')

set_ param(0, 'parameter')

set_ param('obj', 'ObjectParameters')

set_ param('obj', 'DialogParameters')

（2）功能描述：设置与获得系统模型以及模块参数。

set_ param('obj', 'parameter1', value1, 'parameter2', value2,…)：其中，obj 表示系统模型或其中的系统模块的路径，或者取值为 0，即给指定的参数设置合适的值，取值为 0 表示给指定的参数设置为缺省值。在仿真过程中，使用此命令，可以在 MATLAB 的工作空间中改变这些参数的取值，从而可以更新系统在不同的参数下运行仿真。

set_ param('obj', 'parameter')：返回指定参数取值。其中，obj 为系统模型或系统模型中的系统模块。

set_ param({objects}, 'parameter')：返回多个模块指定参数的取值，其中{objects}表

示模块的细胞矩阵(Cell)。

set_ param(handle, 'parameter')：返回句柄值为 handle 的对象的指定参数的取值。

set_ param(0, 'parameter')：返回 Simulink 当前的仿真参数或默认模型、模块的指定参数的取值。

set_ param('obj', 'ObjectParameters')：返回描述某一对象参数取值的结构体。其中，返回到结构体中具有相应的参数名称的每一个参数域分别包括参数名称(如 Gain)、数据类型(如 string)以及参数属性(如 read_ only)等。

set_ param('obj', 'DialogParameters')：返回指定模块对话框中所包含的参数名称的细胞矩阵。

6.3.3　Simulink 运行仿真

1. 模块选择

启动 Simulink 并新建一个系统模型文件。建立此简单系统的模型，需先选择 Simulink 公共模块库中的系统模块。

2. 模块连接

选择相应的系统模块，并将其拷贝(或拖动)到新建的系统模型中。

在选择构建系统模型所需的所有模块后，需要按照系统的信号流程将各系统模块正确连接起来。连接系统模块的步骤如下：

(1)将光标指向起始块的输出端口，此时光标变成"+"；

(2)单击鼠标左键并拖动到目标模块的输入端口，在接近到一定程度时，光标变成双十字。这时松开鼠标键，连接完成。完成后，在连接点处出现一个箭头，表示系统中信号的流向。

在 Sinlulink 的最新版本中，连接系统模块，还有如下更有效的方式：

(1)使用鼠标左键单击起始模块；

(2)按下 Ctrl 键，并用鼠标左键单击目标块。

3. 运行仿真

1)系统模块参数设置与系统仿真参数设置

当用户按照信号的输入输出关系连接各系统模块之后，系统模型的创建工作便已结束。为了对动态系统进行正确的仿真与分析，必须设置正确的系统模块参数与系统仿真参数。系统模块参数的设置方法如下：

(1)双击系统模块，打开系统模块的参数设置对话框。参数设置对话框包括系统模块的简单描述、模块的参数选项等信息。注意，不同系统模块的参数设置不同。

(2)在参数设置对话框中设置合适的模块参数。根据系统的要求，在相应的参数选项中设置合适的参数。

当系统中各模块的参数设置完毕后，可设置合适的系统仿真参数，以进行动态系统的仿真。

2）运行仿真

当对系统中各模块参数以及系统仿真参数进行正确设置之后，单击系统模型编辑器上的 Play 图标（黑色三角）或选择 Simulation 菜单下的 Start，便可以对系统进行仿真分析。

4. 模块操作

下面介绍一些对系统模块进行操作的基本技巧，掌握它们，可使建立动态系统模型变得更为方便快捷。

1）模块的复制

如果需要几个同样的模块，可以使用鼠标右键单击并拖动某个块进行拷贝；也可以在选中所需的模块后，使用 Edit 菜单上的 Copy 和 Paste 或使用热键 Ctrl+C 和 Ctrl+V 完成同样的功能。

2）模块的插入

如果用户需要在信号连线上插入一个模块，只需将这个模块移到线上就可以自动连接。注意，这个功能只支持单输入单输出模块。对于其他的模块，只能先删除连线，放置块，然后再重新连线。

3）连线分支与连线改变

在某些情况下，一个系统模块的输出同时作为多个其他模块的输入，这时需要从此模块中引出若干连线，以连接多个其他模块。对信号连线进行分支的操作方式为：使用鼠标右键单击需要分支的信号连线（光标变成"+"），然后拖动到目标模块。

对信号连线还有以下几种常用的操作：

（1）使用鼠标左键单击并拖动，以改变信号连线的路径；

（2）按下 Shift 键的同时，在信号连线上单击鼠标左键并拖动，可以生成新的节点；

（3）在节点上使用鼠标左键单击并拖动，可以改变信号连线路径。

4）信号组合

在利用 Simulink 进行系统仿真时，在很多情况下，需要将系统中某些模块的输出信号（一般为标量）组合成一个向量信号，并将得到的信号作为另外一个模块的输入。例如，使用示波器显示模块 Scope 显示信号时，Scope 模块只有一个输入端口；若输入是向量信号，则 Scope 模块以不同的颜色显示每个信号。能够完成信号组合的系统模块为 Mux 模块，使用 Mux 模块可以将多个标量信号组合成一个向量。因此，使用 Simulink 可以完成矩阵与向量的传递。

如果系统模型中包含向量信号，使用 Format 菜单中的 Wide Nonscalar Lines 可以将它们区分出来（标量信号的连线较细，而向量信号的连线比较粗）；也可以使用 Format 菜单中的 Signal Dimensions 显示信号的维数（在相应的信号连线上显示信号的维数）。

【例 6-1】 已知系统的数学描述为：

系统输入：$u(t) = \sin t$，$t > 0$

系统输出：$y(t) = au(t)$，$a \neq 0$

试用 Simulink 描述该系统。

解：在系统输入模块库 Sources 中的 Sine Wave 模块，产生一个正弦波信号；在数学库 Math 中的 Gain 模块，将信号乘上一个常数(即信号增益)；在系统输出库 Sinks 中的 Scope 模块，图形方式显示结果如图 6-6 所示。

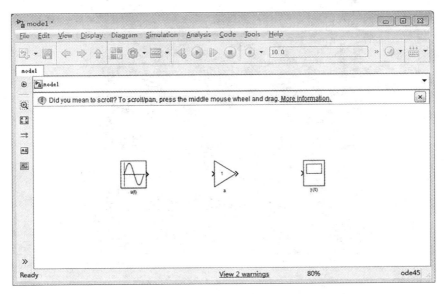

图 6-6　建立模型所需系统模块

将产生的三个系统模块连接起来，结果如图 6-7 所示。

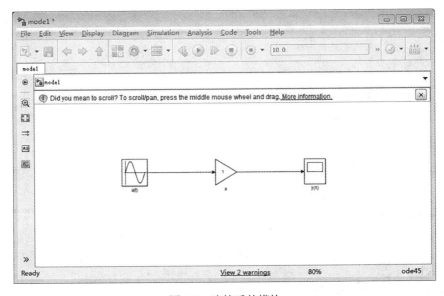

图 6-7　连接后的模块

　　按下模型编辑器上的 play 图标进行仿真，仿真结束后双击 Scope 模块以显示系统仿真的输出结果。输出的结果如图 6-8 所示。

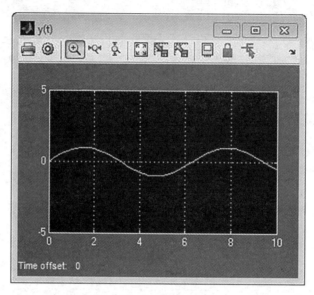

图 6-8　系统仿真的结果

第二篇　信号与系统基本实验

第7章　连续线性时不变系统的时域分析

为了进行连续线性时不变(linear time invariant, LTI)系统的时域分析，就要先用微分方程表达式对其进行描述，再求出对应初始状态的解。系统数学模型的时域表示方法有两种：输入输出法和状态变量法。本章主要从连续信号在 MATLAB 中的表示和运算、连续LTI 系统的零输入响应和零状态响应、连续 LTI 系统的冲激响应与阶跃响应和连续信号的卷积几个方面来介绍。

实验一　连续信号的表示及可视化

一、实验目的

(1)掌握运用 MATLAB 表示常用连续信号的方法；
(2)熟悉这些信号的波形及特性。

二、实验原理及实例分析

连续时间信号是指时间自变量 t 和表示信号的函数值 x 都是连续变化的信号。表示连续信号的数值方法是使用 MATLAB 中的命令，加之于一组时间的等时间间隔离散采样点上，生成信号的样本点。严格意义上讲，数值方法是无法表示连续信号的，当样本很密时，才可以近似看成是连续信号。这里所说的密，主要是取决于信号变化的快慢。以下部分均假设信号变化相对于采样点密度足够慢。

1. 单位阶跃信号

单位阶跃信号是信号的基本信号之一，在信号与系统分析中占有十分重要的地位，常用于简化信号的时域数学表示。通常单位阶跃信号定义为

$$u(t) = \begin{cases} 0, & t < 0 \\ 1, & t > 0 \end{cases}$$

其中，在跳变点 $t = 0$ 处，该函数值无定义，或在 $t = 0$ 处，规定函数值 $u(0) = \dfrac{1}{2}$。

单位阶跃信号可以通过函数 stepfun 实现，例如：

```
t = linspace(1, 3, 1000);
u = stepfun(t, 2);
```

plot(t, u)

单位阶跃信号也可以通过如下方式实现：

t=linspace(1, 3, 1000);

u=t>2;

plot(t, u)

两种方式运行结果均如图 7-1 所示，故两种方式效果相同。

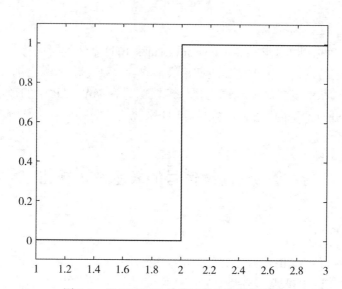

图 7-1　用 MATLAB 绘制的单位阶跃信号图

【例 7-1】　用 MATLAB 实现信号 $y = 5\mathrm{e}^{-3t}\sin(4t-1)u(t)$。

解：MATLAB 程序如下：

%cx0701. m

%利用 MATLAB 实现信号

t=linspace(-0.2,3,4000);

u=stepfun(t,0);

y=5*exp(-3*t).*sin(4*t-1).*u;

plot(t,y);grid on;

运行结果如图 7-2 所示。

2. 单位冲激信号

在信号与系统中单位冲激信号通常通过下式来描述：

$$\begin{cases} \displaystyle\int_{-\infty}^{\infty} \delta(t)\,\mathrm{d}t = 1 \\ \delta(t) = 0, \ t \neq 0 \end{cases}$$

单位冲激信号 $\delta(t)$ 无法直接用 MATLAB 描述，可以把它看做宽度为 Δ（程序中用 dt

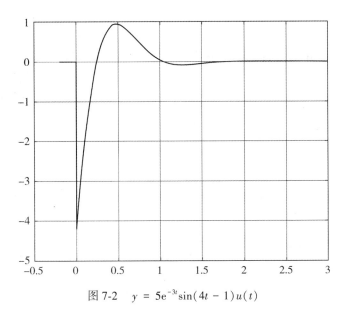

图 7-2　$y = 5e^{-3t}\sin(4t - 1)u(t)$

表示），幅度为 $\dfrac{1}{\Delta}$ 的矩形脉冲。

【例 7-2】　用 MATLAB 实现信号 $y = \delta(t - 1)$。

解： MATLAB 程序如下：

```
%cx0702. m
%利用 MATLAB 实现单位冲激信号
t0 = 0;tf = 4;dt = 0. 01;t1 = 1;
t = [t0:dt:tf];
st = length(t);
n1 = floor((t1-t0)/dt);
x1 = zeros(1,st);
x1(n1+1) = 1/dt;
stairs(t,x1);grid on;
axis([0,4,0,120]);xlabel('t');ylabel('y')
```

运行结果如图 7-3 所示。

3. 复指数信号

复指数信号的基本形式如下：

$$f(t) = Ke^{st} = Ke^{(\sigma + j\omega)} = Ke^{\sigma t}\cos(\omega t) + jKe^{\sigma t}\sin(\omega t)$$

该信号由实部 $\mathrm{Re}[f(t)] = Ke^{\sigma t}\cos(\omega t)$ 和虚部 $\mathrm{Im}[f(t)] = Ke^{\sigma t}\sin(\omega t)$ 两部分组成。

复指数信号实部、虚部、模和相角分别随时间变化的情况可以通过函数 subplot 实现，下例将介绍该函数的使用方法。

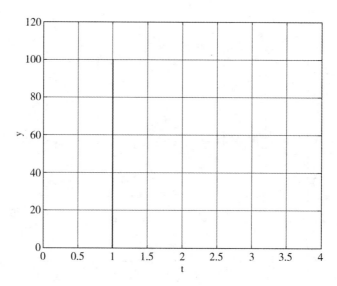

图 7-3 单位冲激信号

【例 7-3】 实现复指数信号 $y = e^{(-0.5+j8)t}$。

解：MATLAB 程序如下：

```
%cx0703.m
%利用 MATLAB 实现复指数信号
t=[0:0.01:5];
a=-0.5;b=10;y=exp((a+j*b)*t);
subplot(2,2,1),plot(t,real(y)),title('real'),grid on
subplot(2,2,2),plot(t,imag(y)),title('imag'),grid on
subplot(2,2,3),plot(t,abs(y)),title('abs'),grid on
subplot(2,2,4),plot(t,angle(y)),title('angle'),grid on
```

运行结果如图 7-4 所示。

复指数信号中，当 $\omega = 0$ 时，信号 Ke^{st} 为实指数信号；当 $\omega \neq 0$，$\sigma > 0$ 时，Ke^{st} 的实部和虚部为按照指数规律增长的正弦振荡；当 $\omega \neq 0$，$\sigma < 0$ 时，Ke^{st} 的实部和虚部为按照指数规律衰减的正弦振荡；当 $\omega \neq 0$，$\sigma = 0$ 时，Ke^{st} 的实部和虚部为等幅的正弦振荡。

4. 抽样信号

抽样信号的基本形式为

$$Sa(t) = \frac{\sin(t)}{t}$$

在 MATLAB 中抽样信号是通过函数 sinc 实现的。要注意的是，sinc(t) 函数代表的是 $\sin(\pi t)/(\pi t)$，例如：

```
>> t=-2*pi:0.01:2*pi;
```

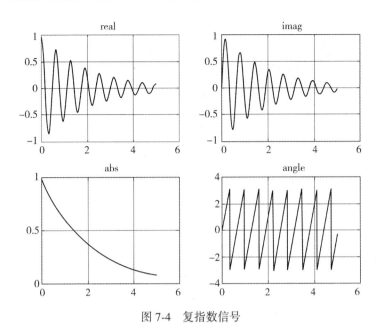

图 7-4　复指数信号

```
>> y = sinc(t);
>> plot(t, y); grid on
```

抽样信号还可以直接利用信号的运算来实现。如果利用这种方法计算，当 $t = 0$ 时，结果会出现 NaN。因为 $\sin(0)/0$ 是 0 比 0 型，这并不会影响进一步计算。例如：

```
>> t = -2 * pi : 0.01 : 2 * pi;
>> y = sin(t)./t;
>> plot(t, y); grid on
```

两种方式运行结果均如图 7-5 所示，故两种方式效果相同。

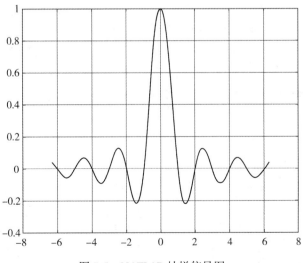

图 7-5　MATLAB 抽样信号图

【例 7-4】 用 MATLAB 实现信号 $y = \mathrm{Sa}[\pi(t-2)]$，$-4 < t < 8$。

解： MATLAB 程序如下：

%cx0704. m

%利用 MATLAB 实现抽样信号

t = -4:0. 01:8;

y = sinc(pi * (t−2));

plot(t,y);grid on

运行结果如图 7-6 所示。

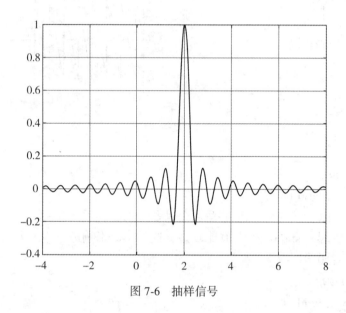

图 7-6　抽样信号

5. 方波脉冲信号

方波脉冲信号可以通过函数 square 来实现，调用格式如下：

y = square(t, duty)：产生一个周期为 2π、幅值为 ±1 的周期性方波信号，其中 duty 为信号在一个周期内正直所占百分比。

【例 7-5】 用 MATLAB 实现一个方波信号。

解： MATLAB 程序如下：

%cx0705. m

%利用 MATLAB 实现方波信号

t = 0:0. 01:6 * pi;

y = square(t,30);

plot(t,y)

axis([0 6 * pi −1. 5 1. 5]);grid on

运行结果如图 7-7 所示。

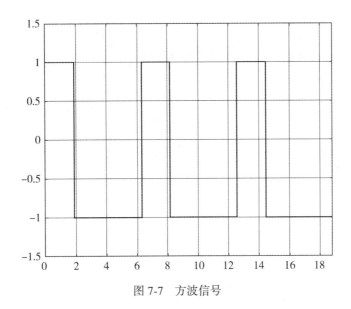

图 7-7　方波信号

6. 三角波脉冲信号

非周期型三角波脉冲信号在 MATLAB 中是通过函数 tripuls 来实现的，该函数的调用格式及用法如下：

y＝tripuls(t，width，skew)：产生一个最大幅度为 1，宽度为 width，斜度为 skew 的三角波信号。其中，信号的横坐标以 $t=0$ 为中心，左右各展开 width/2 大小，斜度 skew 的取值范围在 $-1 \sim +1$ 之间，表示的是最大幅值 1 的横坐标位置，计算公式为 $t=$ (width/2)×skew。

【例 7-6】　用 MATLAB 实现一个非周期型三角波脉冲信号。

解：MATLAB 程序如下：

```
%cx0706. m
%利用 MATLAB 实现非周期三角波信号
t=-4:0. 01:4;
y=tripuls(t,6,0. 5);
plot(t,y);grid on;
axis([-4 4 -0. 5 1. 5]);
title('非周期三角波信号')
```

运行结果如图 7-8 所示。

周期三角波信号在 MATLAB 中通过函数 sawtooth 来实现的，该调用格式和用法如下：

y＝sawtooth(t，width)：产生一个周期为 2π、幅值在 $-1 \sim +1$ 之间的周期性三角波信号。其中，width 取值范围在 $0 \sim 1$ 之间，表示值个周期内最大值出现的位置，width 是位置横坐标与周期的比值。

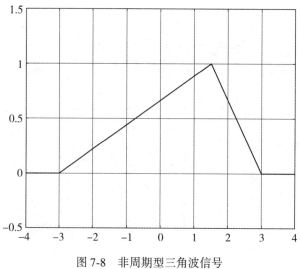

图 7-8 非周期型三角波信号

【例 7-7】 用 MATLAB 实现一个周期型三角波脉冲信号。

解： MATLAB 程序如下：

%cx0707. m
%利用 MATLAB 实现周期型三角波信号
t=-4:0. 01:4;
y=sawtooth(pi * t,0. 5);
plot(t,y);grid on;
axis([-4 4 -1. 5 1. 5]);
title('周期型三角波信号')
运行结果如图 7-9 所示。

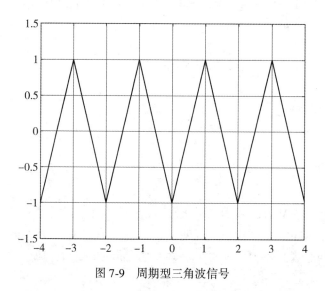

图 7-9 周期型三角波信号

习　题

1. 利用 MATLAB 命令实现下列连续信号的波形。

（1）$f(t) = (3 + e^{-t})u(t)$　　　　　（2）$f(t) = [1 - 2\cos(2\pi t)][u(t) - u(t - 2)]$

（3）$f(t) = \mathrm{Sa}[\pi(t - 1)]$　　　　　（4）$f(t) = 2 + 2e^{j\frac{\pi}{4}t}$

2. 利用 MATLAB 命令产生一个幅值为 1、宽度为 6 的非周期对称三角波信号的波形图。

实验二　连续信号在 MATLAB 中的运算

一、实验目的

(1)掌握连续信号的基本运算;
(2)学会运用 MATLAB 中的函数对连续信号进行运算。

二、实验原理和实例分析

1. 连续信号的加减、相乘运算

加(减): $$f(t) = f_1(t) \pm f_2(t) \tag{7-1}$$
相乘: $$f(t) = f_1(t) \cdot f_2(t) \tag{7-2}$$

信号的相加、相乘是通过上式来实现的。其中,MATLAB 对信号做加、减、乘运算时,要求代表这些信号的向量的时间原点和元素个数相同。

【例 7-8】　利用 MATLAB 产生信号 $x_1 = u(t-2)$ 和 $x_2 = \cos 10t$,并绘制信号 $x_1 + x_2$ 和信号 $x_1 \cdot x_2$ 的波形图。

解: 令 $y_1 = x_1 + x_2$,$y_2 = x_1 \cdot x_2$;
可得 $y_1 = u(t-2) + \cos 10t$,$y_2 = u(t-2) \cdot \cos 10t$。
MATLAB 程序如下:

```
%cx0708. m
%利用 MATLAB 实现信号的和与积
t=0:0.001:5;t0=2;
x1=stepfun(t,t0);
x2=cos(10*t);
y1=x1+x2;
y2=x1.*x2;
subplot(2,1,1)
plot(t,y1);
grid on,title('x1+x2');
subplot(2,1,2)
plot(t,y2);
grid on,title('x1*x2');
```

运行结果如图 7-10 所示。

2. 连续信号的时移、翻转与尺度变换

信号 $f(t)$ 的时移是通过将表达式中的自变量 t 用 $t \pm t_0$ 替换,即 $f(t+t_0)$ 或者 $f(t-t_0)$,其中 t_0 为正实数。信号 $f(t)$ 的翻转是通过将表达式中的自变量 t 用 $-t$ 替换,即用 $f(-t)$ 表示原信号 $f(t)$ 相对于纵轴的镜像。信号 $f(t)$ 的尺度变换是通过将表达式中

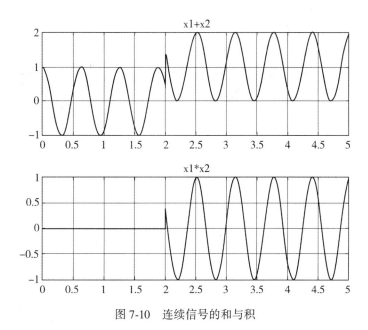

图 7-10　连续信号的和与积

的自变量 t 用 at 替换, 即 $f(at)$, 其中, a 为正实数。这些变换利用 MATLAB 可以方便直观地观察和分析信号的时移、翻转与尺度变换对波形的影响。

【例 7-9】　已知斜坡信号 $f(t) = \sin(\pi t)$, 分别求将其延时 0.1s 后的波形、翻转后的波形和频率增加为原来 2 倍的波形。

解: 将原信号延时 0.1s 后得到的信号 $f_1(t) = f(t - 0.1) = \sin[\pi(t - 0.1)]$;

将原信号翻转后得到的信号为 $f_2(t) = f(-t) = -\sin(\pi t)$;

将原信号频率增加为原来的 2 倍得到的信号为 $f_3(t) = f(2t) = \sin(2\pi t)$。

MATLAB 程序如下:

```
%cx0709. m
%连续信号的时移、翻转和尺度变换
t=0:0.001:1;t0=0.1;a=2;
f=sin(pi*t);
f1=sin(pi*(t-0.1));
f2=-sin(pi*t);
f3=sin(2*pi*t);
subplot(2,2,1),plot(t,f)
grid on,title('f(t)')
subplot(2,2,2),plot(t,f1)
grid on,title('f(t1)')
subplot(2,2,3),plot(t,f2)
grid on,title('f(t2)')
subplot(2,2,4),plot(t,f3)
grid on,title('f(t3)')
```

运行结果如图 7-11 所示。

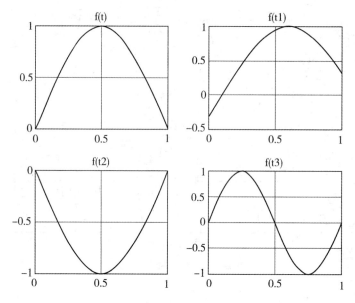

图 7-11 连续信号的时移、翻转和尺度变换

3. 连续信号的奇偶分解

任何一个信号都可以分解为一个偶分量和一个奇分量之和，即

$$f(t) = \frac{1}{2}[f(t) + f(-t)] + \frac{1}{2}[f(t) - f(-t)] \tag{7-3}$$

其中，

偶分量为

$$f_e(t) = \frac{1}{2}[f(t) + f(-t)] \tag{7-4}$$

奇分量为

$$f_e(t) = \frac{1}{2}[f(t) - f(-t)] \tag{7-5}$$

【例 7-10】 已知梯形脉冲信号 $f(t)$ 的波形如图 7-12 所示，试用 MATLAB 绘制出 $f(t)$ 的偶分量和奇分量的波形。

解：从图 7-12 中波形可知：

$$f(t) = (t+1) \times [u(t+1) - u(t)] + 1 \times [u(t) - u(t-1)] +$$
$$(2-t) \times [u(t-1) - u(t-2)]$$
$$= (t+1)u(t+1) - tu(t) - (t-1)u(t-1) + (t-2)u(t-2)$$

根据连续信号就分解的公式，可以先求出 $f(t)$ 翻转的信号 $f(-t)$，即可得到元信号分解后的偶分量和奇分量。

MATLAB 程序如下：

```
%cx0710. m
%利用 MATLAB 实现连续信号的奇偶分解
```

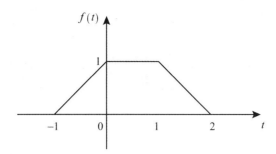

图 7-12　例 7-10 脉冲信号波形

t=-2. 5:0. 001:2. 5;
f=(t+1). * (t>=-1)-t. * (t>=0)-(t-1). * (t>=1)+(t-2). * (t>=2);
f1=fliplr(f);
fe=(f+f1)/2;
fo=(f-f1)/2;
subplot(3,1,1),plot(t,f)
grid on;axis([-2. 5,2. 5,0,1. 2]),title('f(t)')
subplot(3,1,2),plot(t,fe)
grid on;axis([-2. 5,2. 5,0,1. 2]),title('fe(t)')
subplot(3,1,3),plot(t,fo)
grid on;axis([-2. 5,2. 5,-0. 7,0. 7]),title('fo(t)')

运行结果如图 7-13 所示。

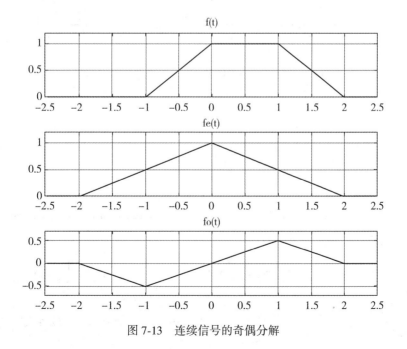

图 7-13　连续信号的奇偶分解

4. 连续信号的微分与积分

信号的积分和微分是运用 MATLAB 符号工具箱中的 diff 函数和 int 函数完成的。

【例 7-11】 求信号 $y = \sin 2t$ 的微分和积分。

解： MATLAB 程序如下：

%cx0711. m

%利用 MATLAB 实现信号的微分和积分

syms t；

y = sin(2 * t)；

y1 = diff(y)；

y2 = int(y)；

subplot(1,3,1),ezplot(y)；

subplot(1,3,2),ezplot(y1)；

subplot(1,3,3),ezplot(y2)；

运行结果如图 7-14 所示。

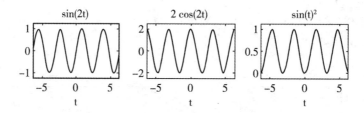

图 7-14　信号的微分和积分

习　题

1. 已知信号 $f_1(t) = (-t + 4)[u(t) - u(t - 4)]$，$f_2(t) = \sin(\pi t)$，试用 MATLAB 绘制出下列而信号的时域波形图。

(1) $f_1(-t + 2)$　　　　　(2) $f_1(2t)$　　　　　(3) $f_1\left(\dfrac{1}{2}t - 2\right)$

(4) $\dfrac{\mathrm{d}}{\mathrm{d}t_1}\left[f\left(\dfrac{1}{2}t + 2\right)\right]$　　(5) $\displaystyle\int_{-\infty}^{t} f(2 - \tau)\mathrm{d}\tau$　　(6) $f_1(-t) + f_2(t)\,1$

（7）$-\left[f_{1}(t)+f_{2}(t)\right]$　　　（8）$f_{1}(t) \times f_{2}(t)$

2. 已知连续时间信号 $f(t)$ 的波形如图 7-15 所示，试用 MATLAB 命令绘制出该信号的偶分量和奇分量。

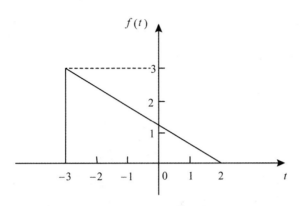

图 7-15　信号 $f(t)$ 的波形

实验三 连续信号的卷积计算

一、实验目的

(1)了解卷积的定义;

(2)掌握运用 MATLAB 进行卷积计算的方法。

二、实验原理和实例分析

对于连续信号的卷积可以表示为

$$f(t) = f_1(t) * f_2(t) = \int_{-\infty}^{\infty} f_1(\tau) f_2(t - \tau) \mathrm{d}\tau$$

两侧以 T 为间隔抽样,再将积分拆成若干长度为 T 的足够小的小段,以至于两个函数的相邻抽样点上的值几乎保持不变,则有

$$f(nT) = \sum_{k=-\infty}^{\infty} \int_{kT}^{kT+T} f_1(\tau) f_2(nT - \tau) \mathrm{d}\tau \approx T \sum_k f_1(kT) f_2(nT - kT) \tag{7-6}$$

在 MATLAB 中,卷积和是通过函数 w=conv(u,v) 来实现的:

$$\omega(n) = \sum_k u(k) v(n + 1 - k) \tag{7-7}$$

当利用 conv 函数实现连续时间信号的卷积时,首先需要假设序列 $u(k)$ 是函数 $f_1(t)$ 从 t_1 时刻(其中 t_1 为 T 的整数倍),以 T 为间隔抽样的结果,则有

$$u\left(k + 1 - \frac{t_1}{T}\right) = f_1(kT) \tag{7-8}$$

同理,假设 $v(k)$ 是对函数 $f_2(t)$ 从 t_2 时刻开始,以相同间隔抽样得到的序列,即

$$v\left(k + 1 - \frac{t_2}{T}\right) = f_2(kT) \tag{7-9}$$

将式(7-8)和式(7-9)代入式(7-6),则有

$$f(nT) \approx T \sum_k u\left(k + 1 - \frac{t_1}{t}\right) v\left(n - k + 1 - \frac{t_2}{T}\right) \tag{7-10}$$

定义 $k' = k + 1 - \dfrac{t_1}{T}$, $n' = n + 1 - \dfrac{t_1 + t_2}{T}$,并代入式(7-10),可得

$$f(nT) \approx T \sum_k u(k') v(n' + 1 - k') \tag{7-11}$$

对比式(7-7)和式(7-11),有

$$f(nT) \approx T\omega(n') = T\omega\left(n + 1 - \frac{t_1 + t_2}{T}\right) \tag{7-12}$$

即 $\omega(n)$ 近似为从 $t_1 + t_2$ 时刻开始,以 T 为间隔对 $f(t)$ 抽样得到的序列,从而可以用 conv 函数实现连续时间信号卷积。

【例 7-12】　求信号 $y_1(t) = \sin t$ 和 $y_1(t) = e^{-2t}$ 的卷积。

解：MATLAB 程序如下：

```
%cx0712. m
%利用 MATLAB 实现数值法连续信号的卷积
s = 0. 01;t = -1:s:2;
y1 = t;
y2 = exp(-2 * t) ;
y = conv(y1,y2) * s;n = length(y) ;tt = (0:n-1) * s-2;
subplot(2,2,1),plot(t,y1),grid on;
title('y1(t)') ;xlabel('t')
subplot(2,2,2),plot(t,y2),grid on;
title('y2(t)') ;xlabel('t')
subplot(2,1,2),plot(tt,y),grid on;
title('y(t) = y1(t) * y2(t)') ;xlabel('t')
```

运行结果如图 7-16 所示。

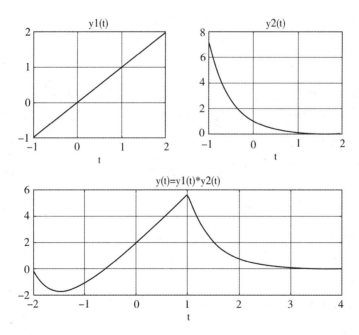

图 7-16　连续信号的卷积

除了上述方法之外，对于连续信号的卷积计算，还可以利用 MATLAB 中的 function 命令建立一个函数 convl 来实现卷积，其 MATLAB 源程序如下：

```
function[y,t]=convl(y1,y2,t1,t2,s)
y=conv(y1,y2);
y=y*s;
ts=min(t1)+min(t2);
te=max(t1)+max(t2);
t=ts:s:te;
subplot(2,2,1),plot(t1,y1);grid on;
title('y1');xlabel('t')
subplot(2,2,2),plot(t2,y2);grid on;
title('y2');xlabel('t')
subplot(2,1,2),plot(t,y);grid on;
title('y(t)=y1(t)*y2(t)');xlabel('t')
```

对于例 7-12,可利用上述定义的函数 convl 来实现,其 MATLAB 程序如下:

```
>> s=0.01;t1=-1:s:2;
>> y1=sin(t1);
>> t2=t1;
>> y2=exp(-2*t2);
>> [y,t]=convl(y1,y2,t1,t2,s);
```

运行后,将得到与图 7-16 相同的波形图。

在 MATLAB 中求解连续函数的卷积,还可以使用符号运算法。

【例 7-13】　试用 MATLAB 符号运算法求 $y_1(t)=t$ 和 $y_2(t)=\sin(t)$ 的卷积。

解:MATLAB 程序如下:

```
%cx0713.m
%利用 MATLAB 符号运算法求解连续信号卷积
syms tao;
t=sym('t','positive');
y1=sym('t');
y2=sym('exp(-2*t)');
yt_tao=subs(y1,t,tao)*subs(y2,t,t-tao);
y=int(yt_tao,tao,0,t);
y=simplify(y);
ezplot(y,[0,2]),grid on
```

运行结果如图 7-17 所示。

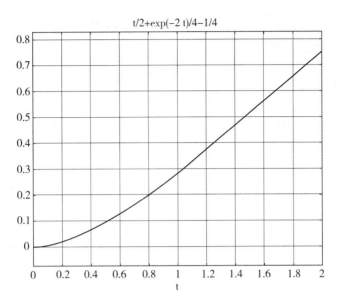

图 7-17　连续信号的卷积

习　　题

1. 用 MATLAB 命令绘制出下列信号的卷积积分 $f_1(t) * f_2(t)$ 的时域波形图。

（1）$f_1(t) = u(t)$，$f_2(t) = u(t) - u(t - 3)$；

（2）$f_1(t) = u(t)$，$f_2(t) = \delta(t)$；

2. 若 $y_1(t) = \sin(t)$，$y_2(t) = u(t)$，$y_3(t) = \exp(-t)$，试证明以下结论：

（1）$y_1(t) * y_2(t) = y2(t) * y_1(t)$；

（2）$y_1(t) * [y_2(t) + y_3(t)] = y1(t) * y_2(t) + y_1(t) * y_3(t)$。

实验四　连续 LTI 系统的时域分析

一、实验目的

(1)熟悉连续 LTI 系统在典型信号下的响应及其特征;
(2)掌握运用 MATLAB 求解连续 LTI 系统的零输入响应和零状态响应的方法;
(3)掌握运用 MATLAB 求解连续 LTI 系统的冲激响应和阶跃响应的方法;
(4)掌握运用卷积法计算 LTI 系统的零状态响应的方法。

二、实验原理和实例分析

1. 连续 LTI 系统的表示

大部分连续 LTI 系统可以用一元高阶微分方程描述。若激励信号为 $e(t)$，系统响应为 $r(t)$，则该系统可以表示为

$$C_0 r^{(n)}(t) + C_1 r^{(n-1)}(t) + \cdots + C_n r(t) = E_0 e^{(n)}(t) + E_1 e^{(n-1)}(t) + \cdots + E_m e(t)$$

在 MATLAB 中，上述系统可用 tf 函数建立，使用方法为 sys = tf(b, a)，其中 a，b 分别是系统响应和激励信号各阶导数项的系数由高至低排列而成的两个行矢量，返回值 sys 为上述 LTI 系统的模型。

【例 7-14】 描述以下系统:

$$\frac{d^3 r(t)}{dt^3} + 5 \frac{d^2 r(t)}{dt^2} + 8r(t) = \frac{de(t)}{dt} + 2e(t)$$

解：MATLAB 程序如下:

```
>> a = [1 5 0 8];
>> b = [1 2];
>> sys = tf(b,a)

sys =

      s + 2
  ---------------
  s^3 + 5 s^2 + 8
```

2. 连续 LTI 系统的零输入响应

LTI 的零输入响应是其对应微分方程的其次解。
连续 LTI 系统的零输入响应可以由函数 dsolve 来求解。

【例 7-15】 已知某 LTI 的微分方程为 $y'''(t) + 3y''(t) + 2y'(t) = 0$，试用 MATLAB 求起始条件为 $y(0_-) = 2$，$y'(0_-) = 1$，$y''(0_-) = 2$ 的零输入响应。

解：MATLAB 程序如下:

```
%cx0715. m
```

%利用 MATLAB 求解系统零输入响应

eqn = 'D3y+3 * D2y+2 * Dy ';

cond = 'y(0) = 2,Dy(0) = 1,D2y(0) = 2 ';

y = dsolve(eqn,cond) ;

y = simplify(y) ;

ezplot(y) ,grid on

运行结果如图 7-18 所示。

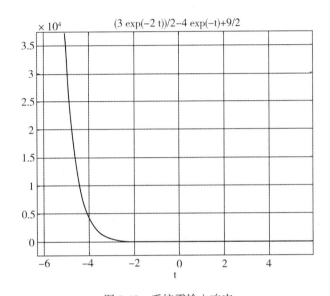

图 7-18　系统零输入响应

由于该微分方程的零输入响应的过程中，从 0_- 到 0_+ 是没有跳变的，所以，程序中初始条件选择在 $t = 0$ 时刻。

3. 连续 LTI 系统的零状态响应

在 MATLAB 中，通常用数值求解微分方程的方法求系统的零状态响应。零状态响应的数值求解可以通过函数 lsim 来实现，该函数用法如下：

lsim(sys，x，t)：lsim 仿真可计算和画出 LTI 模型 sys 在任意输入下的零状态响应。其中，sys 表示线性时不变系统。

y = lsim(sys，x，t)：只求出系统 sys 的零状态响应的数值解，而不绘制响应曲线。x，t 分别表示输入信号的行向量及其时间范围向量。

【例 7-16】　已知某 LTI 的微分方程为 $y''(t) + 2y'(t) + y(t) = 2x(t)$，试用 MATLAB 求输入为 $x(t) = e^{-2t}u(t)$ 时系统的零状态响应。

解：MATLAB 程序如下：

%cx0716. m

%利用 MATLAB 求解系统零状态响应

```
t=0:0.01:8;
a=[1 2 1];b=[2];
sys=tf(b,a);
y=exp(-2*t).*heaviside(t);
y=lsim(sys,y,t);
plot(t,y),grid on;
axis([0 8 -0.05 0.35])
xlabel('t/s'),ylabel('y(t)'),title('零状态响应')
```
运行结果如图 7-19 所示。

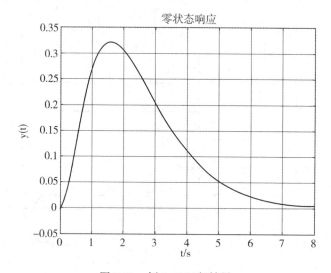

图 7-19 例 7-16 运行结果

连续 LTI 系统的零输入响应还可以由函数 dsolve 来求解，但是使用 dsolve 函数求解零状态响应时，起始时刻和求解零输入响应时有所不同，不能选择初始条件在 $t=0$ 时刻，可以选择 $t=0.01$ 时刻。如果用 cond='y(0)=0，Dy(0)=0，D2y(0)=0'定义起始条件，则实际上是定义了初始条件为 $y(0_+)=0$，$y'(0_+)=0$，$y''(0_+)=0$，所以，将会得出错误的结论。

【例 7-17】 试用 MATLAB 符号法求例 7-16 中系统的零状态响应。

解：MATLAB 程序如下：
```
>> t=-1:0.01:1;
>> heaviside(t);
>> clear
>> eqn='D2y+2*Dy+y=2*exp(-2*t)*heaviside(t)';
>> cond='y(-0.01)=0,Dy(-0.01)=0';
>> y=dsolve(eqn,cond);
>> y=simplify(y);
```

>> ezplot(y)

运行后,将得到与图 7-19 相同的波形图。

4. 连续 LTI 系统的冲激和阶跃响应

如果分别用冲激信号和阶跃信号作激励,lsim 函数可仿真出冲激和阶跃响应。但是,由于对这两种响应的分析是线性系统中极为重要的问题,为简化操作,MATLAB 专门提供了函数 impulse 和 step 分别直接产生 LTI 系统的冲激响应和阶跃响应,其调用格式和用法如下:

y=impulse(sys,t):计算系统在向量 t 定义的时间点的冲激响应,其中 sys 是该系统的模型。

y=step(sys,t):计算系统在向量 t 定义的时间点的阶跃响应。

【例 7-18】 已知某 LTI 的微分方程为 $y''(t) + 5y'(t) + 3y(t) = x'(t) + 3x(t)$,求该系统的冲激响应和阶跃响应。

解:MATLAB 程序如下:

```
%cx0718.m
%求解系统的冲激响应与阶跃响应
a=[1 5 3];b=[1 3];
t=0:0.01:8;
sys=tf(b,a);
y1=impulse(sys,t);
y2=step(sys,t);
subplot(211),plot(t,y1),grid on,xlabel('t'),title('冲激响应')
subplot(212),plot(t,y2),grid on,xlabel('t'),title('阶跃响应')
```

运行结果如图 7-20 所示。

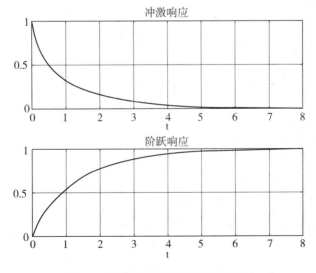

图 7-20　系统的冲激响应与阶跃响应

5. 运用卷积法计算 LTI 系统的零状态响应

LTI 系统对于任意输出信号的零状态响应，可由系统的单位冲激响应和输入信号的卷积积分得到。卷积积分提供了求系统零状态响应的另一种途径。

【例 7-19】 已知某连续 LTI 的微分方程为 $y''(t) + 3y'(t) + 10y(t) = x'(t) + 4x(t)$，其中 $x(t) = e^{-3t}$。试利用 MATLAB 卷积积分法求解该系统零状态响应。

解：MATLAB 程序如下：

```
%cx0719. m
%利用 MATLAB 卷积积分法求解该系统零状态响应
s=0. 01;t1=0:s:5;
x1=exp(-3*t1);
t2=t1;
a=[1 3 10];b=[1 4];
sys=tf(b,a);
t1=0:0. 01:5;
y1=exp(-3*t1);
t2=t1;
a=[1 3 10];b=[1 4];
sys=tf(b,a);
y2=impulse(sys,t2);
[y,t]=convl(y1,y2,t1,t2,s);
```

运行结果如图 7-21 所示，上述程序中调用的 convl 函数在实验三中有所提及。

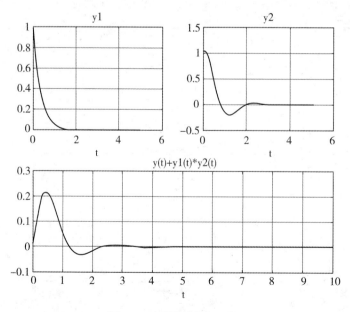

图 7-21 系统零状态响应

习　　题

1. 已知某连续 LTI 的微分方程为 $y''(t) + 4y'(t) + 3y(t) = 0$，试用 MATLAB 求起始条件为 $y(0_-) = 4$，$y'(0_-) = 2$ 的零输入响应。

2. 试利用 MATLAB 求解下列系统在冲激、阶跃、正弦下的零状态响应。

（1）$y''(0) + y'(t) + 7y(t) = 2x'(t) + x(t)$；

（2）$y'''(t) + 7y''(t) + 6y'(t) + 32y(t) = x(t)$。

第8章 连续 LTI 系统的频域分析

实验一 周期信号的傅里叶级数

一、实验目的

1. 掌握运用 MATLAB 对信号进行傅里叶级数展开的方法；
2. 掌握运用 MATLAB 分析周期信号的频谱特性的方法。

二、实验原理和实例分析

1. 周期信号的傅里叶级数

按照傅里叶级数理论，任何一个周期为 T 的周期信号 $x(t)$，如果其满足狄利克雷条件，则该信号可以由三角函数的线性组合来表示，即

$$
\begin{aligned}
x(t) &= a_0 + a_1\cos(\omega_0 t) + b_1\sin(\omega_0 t) + a_2\cos(2\omega_0 t) + b_2\sin2(\omega_0 t) + \cdots + a_n\cos(n\omega_0 t) \\
&\quad + b_n\sin(n\omega_0 t) + \cdots
\end{aligned}
$$

$$
= a_0 + \sum_{n=1}^{\infty}\left[a_n\cos(n\omega_0 t) + b_n\sin(n\omega_0 t)\right] \tag{8-1}
$$

式(8-1)表示的傅里叶级数展开式，称为三角形式的傅里叶级数，其中 ω_0 为周期信号角频率，a_n、b_n 称为傅里叶系数，根据函数的正交性可得

$$
a_0 = \frac{1}{T}\int_{t_0}^{t_0+T} x(t)\,\mathrm{d}t \tag{8-2}
$$

$$
a_n = \frac{2}{T}\int_{t_0}^{t_0+T} x(t)\cos(n\omega_0 t)\,\mathrm{d}t, \quad n = 1, 2, 3, \cdots \tag{8-3}
$$

$$
b_n = \frac{2}{T}\int_{t_0}^{t_0+T} x(t)\sin(n\omega_0 t)\,\mathrm{d}t, \quad n = 1, 2, 3, \cdots \tag{8-4}
$$

为简明起见，积分区间 $(t_0, t_0 + T)$ 通常取为 $(0, T)$ 或 $\left(-\dfrac{T}{2}, \dfrac{T}{2}\right)$。如果将式 (8-1)中同频率的正弦和余弦分量合并，则三角函数形式的傅里叶级数可表示为

$$
x(t) = c_0 + \sum_{n=1}^{\infty} c_n\cos(n\omega_0 t + \varphi_n) \tag{8-5}
$$

对比式(8-1)和式(8-5)，可以得出傅里叶级数各个系数之间关系如下：

$$
\begin{cases}
c_0 = a_0 \\
c_n = \sqrt{a_n^2 + b_n^2} \\
\varphi_n = -\arctan \dfrac{b_n}{a_n} \\
n = 1,\ 2,\ \cdots
\end{cases}
\qquad
\begin{cases}
a_0 = c_0 \\
a_n = c_n \cos\varphi_n \\
b_n = -c_n \sin\varphi_n \\
n = 1,\ 2,\ \cdots
\end{cases}
\tag{8-6}
$$

其中，A_0 是常数项，它是周期信号 $x(t)$ 中所包含的直流分量；而式(8-5)中，当 $n=1$ 时即为 $c_1 \cos(\omega_0 t + \varphi_1)$ 称此为基波或一次谐波，它的角频率与原周期信号相同，c_1 是基波振幅，φ_1 是基波初相角；$c_2 \cos(2\omega_0 t + \varphi_2)$ 称为二次谐波，它的频率是基波频率的 2 倍，c_2 是二次谐波振幅，φ_2 是初相角；依此类推，$c_n \cos(n\omega_0 t + \varphi_n)$ 为周期信号的 n 次谐波，c_n 是 n 次谐波振幅，φ_n 是其初相角。

式(8-1)与式(8-5)两式所具有的物理含义是相同的，都表明了任意周期信号皆可以分解为直流分量和各次谐波之和，而作为各次谐波分量，则是指其频率为基波频率的整数倍。

根据欧拉公式，周期信号 $x(t)$ 的傅里叶级数也可以表示为指数形式，即

$$
x(t) = \sum_{n=-\infty}^{\infty} X(n\omega_0)\, \mathrm{e}^{jn\omega_0 t}
\tag{8-7}
$$

可见，周期信号可以分解为一系列不同频率的虚指数信号的叠加，式中，$X(n\omega_0)$ 或（简写作 X_n）称为傅里叶复系数，可由下式求得：

$$
X_n = \frac{1}{T} \int_{t_0}^{t_0+T} x(t)\, \mathrm{e}^{-jn\omega_0 t}\, \mathrm{d}t
\tag{8-8}
$$

其中，n 为 $-\infty$ 到 $+\infty$ 的整数。

傅里叶级数的指数形式和三角形式是等价的，其系数可以互相转换。X_n 与其他系数有如下关系：

$$
\begin{cases}
X_0 = c_0 = a_0 \\
X_n = |X_n|\, \mathrm{e}^{j\phi_n} = \dfrac{1}{2}(a_n - jb_n) \\
X_{-n} = |X_{-n}|\, \mathrm{e}^{j\phi_n} = \dfrac{1}{2}(a_n + jb_n) \\
|X_n| = |X_{-n}| = \dfrac{1}{2}c_n = \dfrac{1}{2}\sqrt{a_n^2 + b_n^2} \\
X_n + X_{-n} = a_n \\
b_n = j(X_n - X_{-n}) \\
c_n^2 = a_n^2 + b_n^2 = 4X_n X_{-n} \\
n = 1,\ 2,\ 3,\ \cdots
\end{cases}
\tag{8-9}
$$

MATLAB 的可视化功能为我们直观地观察和分析周期信号的分解与合成提供了便捷的工具。

【例 8-1】 周期方波信号如图 8-1 所示，求出该信号的傅里叶级数，并用 MATLAB 变成实现其各次谐波的叠加，并验证其收敛性。

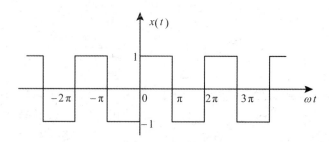

图 8-1 周期方波信号波形

解：由图 8-1 可知，该方波信号的周期为 $T = 2\pi$，且为奇函数，所以 $a_n = 0$，即

$$x(t) = \sum_{n=1}^{\infty} b_n \sin(n\omega t)$$

按式(8-4)可以计算得到

$$b_n = \begin{cases} 0, & n = 2,\ 4,\ 6,\ \cdots \\ \dfrac{4}{n\pi}, & n = 1,\ 3,\ 5,\ \cdots \end{cases}$$

则该方波信号的傅里叶级数展开式为

$$x(t) = \frac{4}{\pi}\left(\sin\omega_0 t + \frac{1}{3}\sin3\omega_0 t + \frac{1}{5}\sin5\omega_0 t + \frac{1}{7}\sin7\omega_0 t + \cdots\right)$$

可用 MATLAB 分别求出 1、3、5、7、31 项傅里叶求和的结果进行观察和分析，MATLAB 程序如下：

```
%cx0801. m
%周期方波信号的傅里叶级数
t=-1:0.001:1;
omega=2*pi;
y=square(2*pi*t,50);
plot(t,y),grid on
xlabel('t'),ylabel('周期方波信号')
axis([-1 1 -1.5 1.5])
n_max=[1 3 5 7 31];
N=length(n_max);
for k=1:N
    n=1:2:n_max(k);
    b=4./(pi*n);
    x=b*sin(omega*n'*t);
    figure;
```

```
        plot(t,y);
        hold on;
        plot(t,x);
        hold off;
        xlabel('t'),ylabel('部分和的波形')
        axis([-1 1 -1.5 1.5]),grid on
        title(['最大谐波数=',num2str(n_max(k))])
end
```

运行结果如图 8-2 所示。

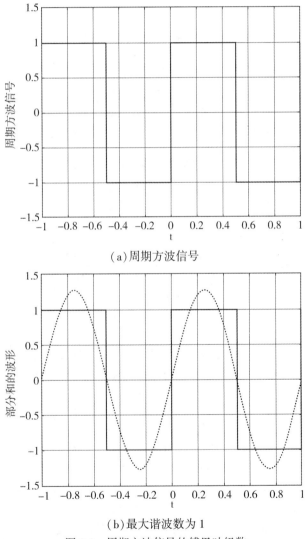

（a）周期方波信号

（b）最大谐波数为 1

图 8-2　周期方波信号的傅里叶级数

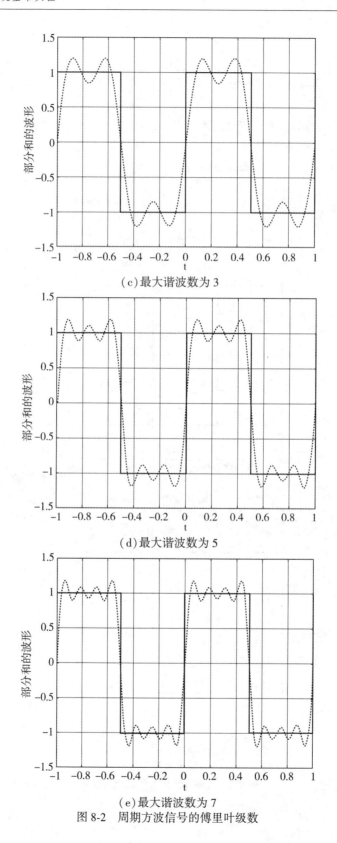

（c）最大谐波数为 3

（d）最大谐波数为 5

（e）最大谐波数为 7

图 8-2　周期方波信号的傅里叶级数

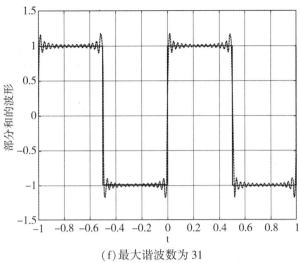

(f) 最大谐波数为 31

图 8-2　周期方波信号的傅里叶级数

由图 8-2 可见，随着傅里叶级数的项数增加，合成波形越来越接近原来的方波信号波形。但是，由于周期方波信号存在间断点，所以在此间断点附近，随着所含谐波次数的增加，合成波形的尖峰越来越接近间断点，但是尖峰幅度并未明显减小。可以证明，在合成波形所含谐波次数 $n \to \infty$ 时，在信号间断点附近仍存在一个过冲，这个现象被称为吉布斯(Gibbs)现象。

2. 周期信号的频谱分析

如前所述，周期信号通过傅里叶级数分解可展开成一系列正、余弦信号或复指数信号分量的加权和，即

$$
\begin{aligned}
x(t) &= a_0 + \sum_{n=1}^{\infty} c_n \cos(n\omega_0 t + \varphi_n) \\
&= \sum_{n=-\infty}^{\infty} X_n e^{jn\omega_0 t}
\end{aligned}
\tag{8-10}
$$

为了直观地表示出周期信号所含各分量振幅 c_n 随频率的变化情况，通常以 ω 为横坐标，以各次谐波的振幅 c_n 为纵坐标，画出如图 8-3(a) 所示的相应关系图，称为周期信号的幅度谱，它反映的是周期信号各频率分量的幅度随频率的变化关系与规律。图中每条线代表一个频率分量的幅度，称为谱线。连接各个谱线顶点的曲线，称为频谱的包络线，它反映个分量幅度随频率的变化趋势。同样，还可以画出周期信号各谐波相位 φ_n 与频率 $n\omega_0$ 的关系图，称为相位频谱(简称相位谱)，如图 8-3(b) 所示。幅度谱和相位谱合称为频谱，它是周期信号 $x(t)$ 的频域表示。

类似地，还可以画出指数形式傅里叶级数的信号频谱，也称为复数频谱。在复数频谱中，幅度谱反映振幅 $|X_n|$ 随频率 $n\omega_0$ 变化的情况，如图 8-4(a) 所示；相位谱反映相位随频率变化的情况，如图 8-4(b) 所示。

此外，图 8-3 只有正的频率分量，称为单边谱；而图 8-4 既包括正的频率分量又含有

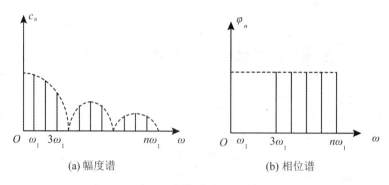

(a) 幅度谱   (b) 相位谱

图 8-3 周期信号的频谱

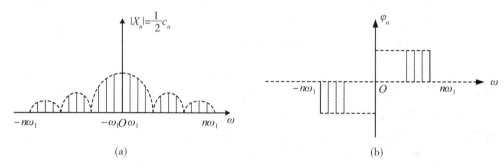

(a)   (b)

图 8-4 周期信号的复数频谱

负的频率分量，称为双边谱。不难证明，幅度谱为偶对称函数，相位谱为奇对称函数。

【例 8-2】 周期矩形脉冲信号 $x(t)$ 如图 8-5 所示，试用 MATLAB 编程将其展开为复指数形式傅里叶级数，并研究改变信号的周期及时域宽度时，对其频谱的影响。

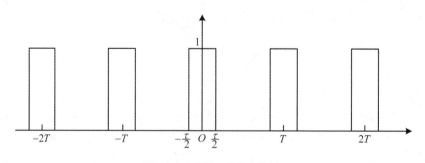

图 8-5 周期矩形脉冲信号

    解： 根据傅里叶级数理论可知，周期矩形脉冲信号为

$$X_n = A\tau Sa\left(\frac{n2\pi}{T}\frac{\tau}{2}\right) = \tau \text{sinc}\frac{n\tau}{T}$$

其 MATLAB 程序如下：

%cx0802. m

```
%改变信号的周期和时域宽度对傅里叶级数的影响
n = -20:20;tao = 1;T = 10;w1 = 2 * pi/T;
x = n * tao/T;xn = tao * sinc(x);
subplot(311);stem(n * w1,xn),grid on
hold on;plot(n * w1,xn)
title('脉冲宽度 = 1,周期 = 10')
tao = 1;T = 5;w2 = 2 * pi/T;
x = n * tao/T;xn = tao * sinc(x);
m = round(30 * w1/w2);
n1 = -m:m;
xn = xn(20-m+1:20+m+1);
subplot(312);stem(n1 * w2,xn),grid on
hold on;plot(n1 * w2,xn)
title('脉冲宽度 = 1,周期 = 5')
tao = 2;T = 10;w3 = 2 * pi/T;
x = n * tao/T;xn = tao * sinc(x);
subplot(313);stem(n * w3,xn),grid on
title('脉冲宽度 = 2,周期 = 10')
```
运行结果如图 8-6 所示。

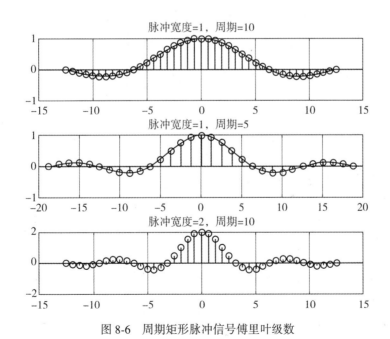

图 8-6　周期矩形脉冲信号傅里叶级数

通过改变矩形脉冲信号的脉宽和周期，可以从图 8-6 中观察出改变信号的周期及时域宽度时，其频谱的变化。从图中可以看出，如果周期不变，相邻谱线之间间隔也会保持不变；如果增加脉宽大小，其频谱包络线过第一个零点的频率越低，即信号带宽越窄，频带所含的分量越少。所以，信号的频带宽度与脉宽成反比。

3. 典型周期信号的频谱分析

【例 8-3】 已知周期锯齿脉冲信号如图 8-7 所示，试求出该信号的傅里叶级数，并用 MATLAB 绘制频谱图，分析信号的频率特性。

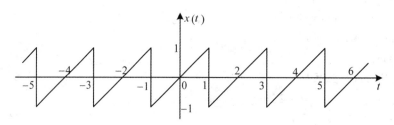

图 8-7 周期锯齿脉冲信号

解：由图 8-7 可知，周期锯齿脉冲信号为奇函数，故可知 $a_n = 0$，通过式（8-4）可求出傅里叶级数的系数 b_n，可得

$$b_n = (-1)^{n+1} \frac{1}{n\pi}$$

故整理得傅里叶级数展开式为

$$x(t) = \frac{1}{\pi} \sum_{n=1}^{\infty} (-1)^{n+1} \frac{1}{n} \sin(n\omega_0 t)$$

取谐波次数为 35 次，绘制周期锯齿脉冲信号频谱的 MATLAB 程序如下：

```
%cx0803. m
%周期锯齿脉冲信号的傅里叶级数
Nf = 35;bn(1) = 0;
for i = 1:Nf
    bn(i+1) = (-1)^(i+1) * 1/(i * pi);
    cn(i+1) = abs(bn(i+1));
    end
t = -3:0. 001:3;
x = sawtooth(pi * (t+1));
subplot(211);plot(t,x);grid on
axis([-3 3 -1. 2 1. 2]);
title('周期锯齿脉冲信号')
subplot(212);
k = 0:Nf;
stem(k,cn);
hold on;
```

plot(k,cn) ;

title('幅度频谱')

运行结果如图 8-8 所示。

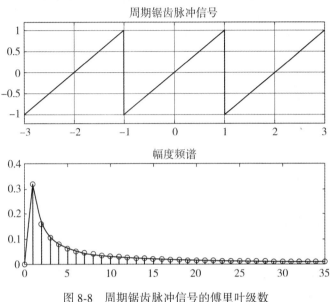

图 8-8　周期锯齿脉冲信号的傅里叶级数

观察图 8-8 可以分析得到，周期锯齿脉冲信号的频谱仅包含正弦分量，且幅度以 $\dfrac{1}{n}$ 的规律收敛。

【例 8-4】　已知周期三角脉冲信号如图 8-9 所示，试求出该信号的傅里叶级数，并用 MATLAB 绘制频谱图分析信号的频率特性。

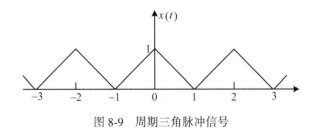

图 8-9　周期三角脉冲信号

解：由图 8-9 可知，周期三角脉冲信号为偶函数，故可知 $b_n = 0$，通过式(8-3)可求出傅里叶级数的系数 a_n，可得

$$a_0 = \frac{1}{2}$$

$$a_n = \frac{4}{n^2\pi^2}\sin^2\left(\frac{n\pi}{2}\right)$$

故整理得傅里叶级数展开式为

$$x(t) = \frac{1}{2} + \frac{4}{\pi^2} \sum_{n=1}^{\infty} \frac{1}{n^2} \sin^2\left(\frac{n\pi}{2}\right) \cos(n\omega_0 t)$$

取谐波次数为 35 次，绘制周期锯齿脉冲信号频谱的 MATLAB 程序如下：

```
%cx0804. m
%利用 MATLAB 实现周期锯齿脉冲信号频谱
Nf = 35;an(1) = 1/2;
for i = 1:Nf
    an(i+1) = 4 * sin(i * pi/2) * sin(i * pi/2)/(i * i * pi * pi);
    cn(i+1) = abs(an(i+1));
    end
t = -3:0.001:3;
x = (sawtooth(pi * (t+1),0.5)+1)/2;
subplot(211);plot(t,x);
axis([-3 3 -1.2 1.2]);
title('周期三角脉冲信号')
subplot(212);
k = 0:Nf;
stem(k,cn);
hold on;
plot(k,cn);
title(' 幅度频谱 ')
```

运行结果如图 8-10 所示。

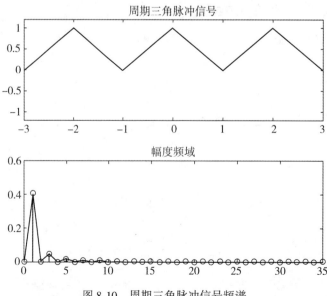

图 8-10　周期三角脉冲信号频谱

观察图 8-8 可以分析得到，周期三角脉冲信号的频谱只包含直流、基波及奇次谐波频率分量，且幅度以 $\dfrac{1}{n^2}$ 的规律收敛。

习 题

1. 已知周期全波余弦信号如图 8-11 所示，试求出该信号的傅里叶级数，并利用 MATLAB 编程实现其各次谐波的叠加，并验证其收敛性。

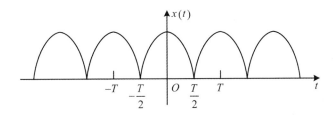

图 8-11 全波余弦信号

2. 已知锯齿波脉冲信号如图 8-12 所示，当该信号的周期和脉宽变化时，试观察与分析其频谱的变化。

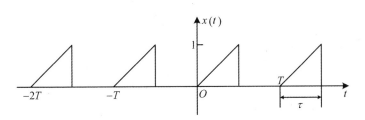

图 8-12 锯齿波信号

3. 试用 MATLAB 编程绘制出习题 1 所示周期信号的频谱图，并分析信号的频率特性。

实验二　傅里叶变换

一、实验目的

（1）了解和认识傅里叶变换；
（2）掌握运用 MATLAB 求连续时间信号的傅里叶变换的方法；
（3）掌握运用 MATLAB 求连续时间信号的频谱图的方法。

二、实验原理和实例分析

1. 傅里叶变换的实现

在前面试验中讨论了周期信号的傅里叶级数，引入了频谱的概念，本实验将把傅里叶推广到非周期信号中去，并导出傅里叶变换。

以周期矩形信号为例，当周期 $T \to \infty$ 时，周期矩形脉冲信号就转化为非周期信号的单脉冲信号。所以，当周期信号的周期无限增大时，周期信号就转化为非周期信号。对非周期信号，由于其各次谐波幅度将趋近于无穷小，各谱线之间的间隔也将趋近于无穷小，这样，离散谱就变成了连续谱。为了有效分析非周期信号的频率特性，我们引入了傅里叶变换分析非周期信号的频谱。

信号 $x(t)$ 的傅里叶正变换定义为

$$X(j\omega) = \mathscr{F}[x(t)] = \int_{-\infty}^{\infty} x(t) e^{-j\omega t} dt \tag{8-11}$$

傅里叶逆变换定义为

$$x(t) = \mathscr{F}^{-1}[X(j\omega)] = \frac{1}{2\pi} \int_{-\infty}^{\infty} X(j\omega) e^{j\omega t} dt \tag{8-12}$$

式（8-11）与式（8-12）中的 $X(j\omega)$ 与 $x(t)$ 通常也称为一对傅里叶变换对，简记为 $X(j\omega) \overset{\mathscr{F}}{\longleftrightarrow} x(t)$。

MATLAB 符号工具箱提供了求解傅里叶变换的函数 fourier( ) 和求解傅里叶逆变换的函数 ifourier( )。它们的调用格式和用法分别如下：

X = fourier(x)：对默认独立变量为 t 的符号表达式 $x(t)$ 求傅里叶变换，X 默认为角频率为 ω_0 的函数，该函数相当于执行语句 X(w) = int(x(t) * exp(-i * w * t)，t，-inf，inf)。

X = fourier(x，v)：对与上述含义相同的 $x(t)$ 求傅里叶变换，返回得到以 v 为自变量的傅里叶变换 $X(v)$。

X = fourier(x，u，v)：对原函数 $x(u)$ 进行傅里叶变换，返回得到符号表达式为 $X(v)$。

x = ifourier(X)：对默认独立变量为 w 的符号表达式 $X(w)$ 求傅里叶逆变换得到 $x(t)$，X 默认为角频率为 ω_0 的函数，相当于执行语句 x(t) = 1/(2 * pi) * int(X(w) * exp(i * w * t)，w，-inf，inf)。

x = ifourier(X，u)：对上述含义相同的 $X(w)$ 求傅里叶逆变换，返回得到以 u 为自变

量的傅里叶逆变换 $x(u)$。

x = ifourier (X，v，u)：对原函数 $X(v)$ 进行傅里叶逆变换，返回得到符号表达式 $x(u)$。

需要注意的是，在调用函数 fourier( ) 和 ifourier( ) 之前，要用 sym 函数定义所用到的符号变量或者符号表达式。

【例 8-5】　试用 MATLAB 求信号 $x = e^{-t^2}$ 的傅里叶变换。

解：MATLAB 程序如下：

```
>> syms x t
>> x = exp( -t^2) ;
>> X = fourier( x)
```

运行结果为

X =

pi^(1/2) * exp(-w^2/4)

【例 8-6】　试用 MATLAB 求 $X(j\omega) = \dfrac{3}{5 + j\omega}$ 的傅里叶逆变换。

解：MATLAB 程序如下：

```
>> syms w X t
>> X = 3/( 5+j * w) ;
>> x = ifourier( X,t)
```

运行结果为

x =

3 * exp(-5 * t) * heaviside(t)

2. 非周期信号的频谱

非周期信号的傅里叶变换 $X(j\omega)$ 的公式为式(8-11)，$X(j\omega)$ 一般是一个负数，可以表示为 $X(j\omega) = |X(j\omega)| e^{j\varphi(\omega)}$。我们把傅里叶变换的模 $|X(j\omega)|$ 反映了信号各频率分量的幅度随频率 ω 的变化情况，称为幅度频谱；傅里叶变换的辐角 $\varphi(\omega)$ 反映了信号各频率分量的相位随频率 ω 的变化情况，称为相位频谱。非周期信号的频谱是密度谱和连续谱。由于函数 fourier( ) 和 ifourier( ) 得到的返回函数为符号表达式，则对返回函数作图需要用到 ezplot( ) 命令。

【例 8-7】　试用 MATLAB 绘制单边指数信号 $x(t) = e^{-3t}u(t)$ 的幅度谱和相位谱。

解：对单边指数信号求傅里叶变换得

$$X(j\omega) = \int_{-\infty}^{\infty} x(t) e^{-j\omega t} dt = \int_0^{\infty} e^{-3t} \times e^{-j\omega t} dt = \frac{1}{3 + j\omega}$$

$$= \frac{1}{\sqrt{9 + \omega^2}} e^{-j\arctan\left(\frac{\omega}{3}\right)} = |X(j\omega)| e^{j\varphi(\omega)}$$

故可得幅度谱和相位谱分别为

$$\begin{cases} \mid X(\mathrm{j}\omega) \mid = \dfrac{1}{\sqrt{9+\omega^2}} \\ \varphi(\omega) = -\arctan\left(\dfrac{\omega}{3}\right) \end{cases}$$

则 MATLAB 程序如下：

%cx0807. m

%利用 MATLAB 绘制单边指数信号的幅度谱和相位谱

x = sym('exp(-3 * t) * heaviside(t)');

subplot(311)

ezplot(x),grid on

axis([-1 5 0 1.1])

title(' 单边指数信号 ')

X = simplify(fourier(x));

subplot(312)

ezplot(abs(X)),grid on

title(' 幅度谱 ')

phase = angle(X);

subplot(313)

ezplot(phase),grid on

title(' 相位谱 ')

运行结果如图 8-13 所示。

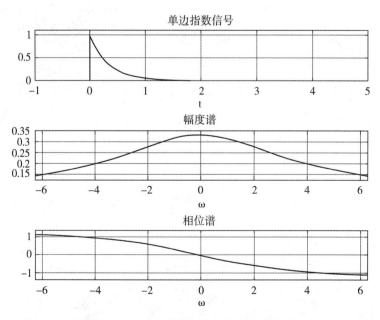

图 8-13　单边指数信号的幅度谱和相位谱

3. 连续时间信号傅里叶变换的数值求解

由于在实际应用中，经过抽样所获得的信号是离散的数值量 $x(k)$，无法表示为符号表达式，对于此类信号不能使用 fourier 函数进行处理，但是可以用 MATLAB 数值计算法进行求解。

下面讨论连续信号傅里叶变换的数值计算方法的理论依据。

由傅里叶变换公式可得

$$X(jk) = \int_{-\infty}^{\infty} x(t) e^{-j\omega t} dt = \lim_{\tau \to 0} \sum_{n=-\infty}^{\infty} x(n\tau) e^{-j\omega n\tau} \tau \tag{8-13}$$

当 τ 足够小时，式(8-13)的近似情况可以满足实际需要。对于时限信号 $x(t)$，或当研究的时间范围内让 $x(t)$ 衰减到足够小，可以近似地将其看成时限信号，则对式(8-13)中 n 的取值是有限的，则有

$$X(j\omega) = \tau \sum_{n=0}^{M} x(n\tau) e^{-j\omega n\tau}, \ 0 \leqslant n \leqslant M \tag{8-14}$$

对式(8-14)中的角频率 ω 进行离散化，假设离散后得到的样值个数为 N 个，即

$$\omega_k = \frac{2\pi}{N\tau} k, \ 0 \leqslant k \leqslant N - 1 \tag{8-15}$$

则有

$$X(k) = \tau \sum_{n=0}^{M} x(n\tau) e^{-j\omega_k n\tau}, \ 0 \leqslant k \leqslant N - 1 \tag{8-16}$$

式(8-16)用矩阵表示为

$$[X(k)]^{\mathrm{T}} = \tau [x(n\tau)]^{\mathrm{T}} [e^{-j\omega_k n\tau}]^{\mathrm{T}} \tag{8-17}$$

将离散傅里叶变换 $X(k)$ 的各个样值连成曲线，即可近似表示 $X(j\omega)$ 了。

【例 8-8】　试用 MATLAB 数值法求单边指数信号 $x(t) = e^{-3t}u(t)$ 的幅度谱，并与例 8-7 结果进行比较。

解：由例 8-7 分析可知，该信号的频谱为

$$X(j\omega) = \frac{1}{3 + j\omega}$$

为保证数值计算的精度，假设该单边指数信号的带宽为 $\omega_m = 100\pi$。根据奈奎斯特采样定理，可确定该信号的抽样间隔

$$T_S \leqslant \frac{1}{2X_m} = \frac{1}{2 \times \omega_m/2\pi} = 0.01$$

因此，不妨设 $\tau = 0.01$。

MATLAB 程序如下：

```
%cx0808.m
%数值法求解单边指数信号的幅度谱
dt = 0.01;
t = 0:dt:2;
x = exp(-3*t);
```

```
N = 2000;
k = 0:N;
w = 2 * pi * k/(N * dt);
X = x * exp(-j * t' * w) * dt;
X = real(X);
w = [-fliplr(w), w(2:2001)];
X = [fliplr(X), X(2:2001)];
plot(w, X), grid on
axis([-6 6 0 0.35])
title('幅度谱')
```

运行结果如图 8-14 所示。

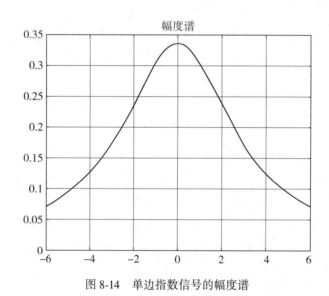

图 8-14 单边指数信号的幅度谱

从图 8-14 可以看出，MATLAB 数值计算法和符号计算法所求得的幅度谱基本一致。

4. 傅里叶变换性质

傅里叶变换建立了信号时间函数 $x(t)$ 和频谱函数 $X(j\omega)$ 之间的对应关系。而在实际运用中，通过公式的积分运算来计算傅里叶变换及其反变换，经常十分繁琐，此时，我们可以借助傅里叶变换的性质来简化运算过程，并获得清晰的物理含义。

（1）傅里叶变换的尺度变换特性。若 $X(j\omega) = \mathscr{F}[x(t)]$，则

$$\mathscr{F}[x(at)] = \frac{1}{|a|}X\left(\frac{j\omega}{a}\right) \tag{8-18}$$

式中，a 为非 0 实数。

式（8-18）表明，信号 $x(t)$ 在时域中压缩（扩展）a 倍等效于带宽在频域中扩展（压缩）a 倍，也就是说，信号的时域宽度与频率带宽成反比。

【**例 8-9**】　已知门信号 $x(t)$ 波形如图 8-15 所示，试用 MATLAB 绘制出该信号及其频谱图。$x(t)$ 的时域波形压缩为原来的一半得到 $y(t)$，试用 MATLAB 绘制出该信号及其频谱图，并进行比较。

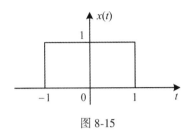

图 8-15

解：由图 8-15 可知，信号 $x(t) = u(t+1) - u(t-1)$，则 $y(t) = u(2t+1) - u(2t-1)$。

信号 $y(t)$ 为信号 $x(t)$ 在时域上压缩一半，即 $a=2$，由式(8-18)可得，$y(t)$ 的频带宽度应是 $x(t)$ 的频带宽度的 2 倍，而频谱幅度变成一半。

其 MATLAB 程序如下：

```
%cx0809. m
%利用 MATLAB 实现门信号频谱尺度变换
x = sym('heaviside(t+1)-heaviside(t-1)');
subplot(221)
ezplot(x,[-1.5 1.5]),grid on
X = simplify(fourier(x));
subplot(222)
ezplot(abs(X),[-5*pi 5*pi]),grid on
axis([-5*pi 5*pi -0.1 2.1])
y = sym('heaviside(2*t+1)-heaviside(2*t-1)');
subplot(223)
ezplot(y,[-1.5 1.5]),grid on
Y = simplify(fourier(y));
subplot(224)
ezplot(abs(Y),[-5*pi 5*pi]),grid on
axis([-5*pi 5*pi -0.1 2.2])
```

运行结果如图 8-16 所示。

由图 8-16 可以看出，信号 $x(t)$ 在时域中压缩一半时，其频谱在频域中拓宽了 1 倍，而频谱幅度降低为原来的一半，直观地反映了尺度变换特性。

(2)傅里叶变换的时移特性。若 $X(j\omega) = \mathscr{F}[x(t)]$，则

$$\mathscr{F}[x(t-t_0)] = X(j\omega)e^{-j\omega t_0} \tag{8-19}$$

式(8-19)表明，信号 $x(t)$ 在时域中沿时间轴右(左)移(延时) t 等效于在频域中频谱

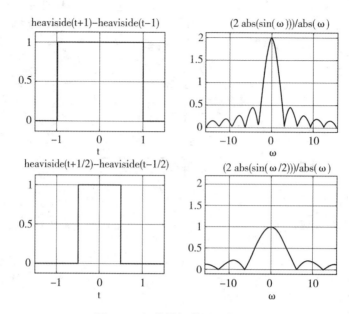

图 8-16　门信号频谱图尺度变换

乘以因子 $e^{-j\omega t_0}$（$e^{j\omega t_0}$），也就是说，信号的时移不影响幅度谱，只是相位谱产生附加变化 $-\omega t_0$（ωt_0）。

【例 8-10】 假设 $x(t) = 2e^{-2t}u(t)$、$y(t) = 2e^{-2(t-1)}u(t-1)$，试用 MATLAB 绘制出 $x(t)$ 和 $y(t)$ 的幅度谱和相位谱，并比较时域平移时频域中相位的变化。

解：MATLAB 程序如下：

```
%cx0810. m
%利用 MATLAB 比较时域平移时频域中相位的变化
x = sym('2 * exp( -2 * t) * heaviside(t)');
X = simplify(fourier(x));
Xm = abs(X);
phaseX = angle(X);
y = sym('2 * exp( -2 * (t-1)) * heaviside(t-1)');
Y = simplify(fourier(y));
Ym = abs(Y);
phaseY = angle(Y);
subplot(321)
ezplot(x,[-3 3]),grid on
axis([-3 3 -0.1 2.1])
subplot(323)
ezplot(Xm,[-6 6]),grid on
subplot(325)
```

```
ezplot( phaseX,[ -2 2] ) ,grid on
subplot( 322 )
ezplot( y,[ -3 3] ) ,grid on
axis( [ -3 3 -0. 1 2. 1] )
subplot( 324 )
ezplot( Ym,[ -6 6] ) ,grid on
subplot( 326 )
ezplot( phaseY,[ -2 2] ) ,grid on
```
运行结果如图 8-17 所示。

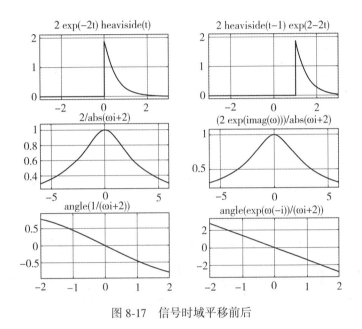

图 8-17　信号时域平移前后

由图 8-17 可以看出，信号 $x(t)$ 时移后其幅度谱基本没有发生改变，只是相位谱产生了变化。

（3）傅里叶变换的频移特性。若 $X(j\omega) = \mathscr{F}[x(t)]$，则
$$\mathscr{F}[x(t)e^{j\omega t_0}] = X[j(\omega - \omega_0)] \tag{8-20}$$
式中，ω_0 为实常数。

式（8-20）表明，时间信号 $x(t)$ 乘以 $e^{j\omega_0 t}(e^{-j\omega_0 t})$ 等效于 $x(t)$ 的频谱 $X(j\omega)$ 沿频率轴向右（左）移 ω_0，或者说，在频域中将频谱沿频率轴右（左）移 ω_0，等效于在时域中信号乘以因子 $e^{j\omega_0 t}(e^{-j\omega_0 t})$。

【例 8-11】　设门信号为 $x(t) = u(t+1) - u(t-1)$，用它对载频信号 $\cos(\omega_0 t)$ 进行调幅，得到矩形信号 $y(t) = \cos(\omega_0 t)x(t)$。试用 MATLAB 计算 $x(t)$ 和 $y(t)$ 的频谱函数，并绘制它们的频谱图，观察傅里叶变换的频移特性。

解： 取载频信号的 $\omega_0 = 10\pi$。

其 MATLAB 程序如下：

```
%cx0811. m
%利用 MATLAB 观察傅里叶变换的频移特性
x = sym('heaviside(t+1)-heaviside(t-1)');
X = simplify(fourier(x));
subplot(131)
ezplot(x,[-2 2]), grid on
title('门信号')
subplot(132)
ezplot(abs(X),[-50 50]),grid on
axis([-50 50 -0.1 2.1])
title('门信号的幅度频谱')
y = sym('cos(10 * pi * t) * (heaviside(t+1)-heaviside(t-1))');
Y = simplify(fourier(y));
subplot(133)
ezplot(abs(Y),[-50 50]),grid on
axis([-50 50 -0.1 2.1])
title('矩形调幅信号频谱(w=30)')
```

运行结果如图 8-18 所示。

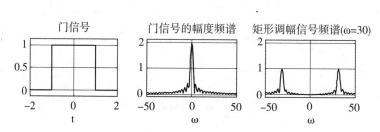

图 8-18　例 8-11 运行结果

习　　题

1. 试用 MATLAB 命令求下列信号的傅里叶变换，并绘制出其幅度谱 $|F(j\omega)|$ 和相位谱 $\varphi(\omega)$。

（1） $x_1(t) = \dfrac{\sin(2\pi t)}{2\pi t}$

（2） $x_1(t) = \dfrac{\sin 2\pi(t-2)}{2\pi(t-2)}$

（3）$x_1(t) = \left[\dfrac{\sin(\pi t)}{\pi t} \right]^2$

2. 试用 MATLAB 求下列信号的傅里叶逆变换，并绘制其时域信号波形图。

（1）$X(j\omega) = e^{-9\omega^2}$

（2）$X(j\omega) = \dfrac{\cos(\pi\omega)}{1 - 4\omega^2}$

（3）$X(j\omega) = \mathrm{Sa}^2\left(\dfrac{\omega}{4} \right)$

3. 试用 MATLAB 数值计算法求如图 8-19 所示信号的傅里叶变换，并绘制其幅度谱和相位谱。

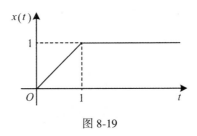

图 8-19

4. 已知两个门信号的卷积为三角波信号，试用 MATLAB 验证傅里叶变换的时域卷积定理。

实验三　连续 LTI 系统的频域分析

一、实验目的

1. 掌握运用 MATLAB 对连续 LTI 系统的频率特性进行分析的方法；
2. 掌握运用 MATLAB 进行连续 LTI 系统的频域分析的方法。

二、实验原理和实例分析

从之前连续系统的时域分析可知，当输出信号为 $x(t)$、系统的单位冲激响应为 $h(t)$ 时，系统的零状态响应为 $x(t)$ 与 $h(t)$ 的卷积，即

$$y_{zs}(t) = x(t) * h(t) \tag{8-21}$$

设 $Y_{zs}(j\omega) = \mathscr{F}[y_{zs}(t)]$，$X(j\omega) = \mathscr{F}[x(t)]$，$H(j\omega) = \mathscr{F}[h(t)]$，由傅里叶变换的时域卷积特性，对式（8-21）两边同时进行傅里叶变换，可得：

$$Y_{zs}(j\omega) = X(j\omega)H(j\omega) \tag{8-22}$$

式中，$Y_{zs}(j\omega)$ 称为系统在 $x(t)$ 的激励下的频率响应。$H(j\omega)$ 可表示为：

$$H(j\omega) = \frac{Y_{zs}(j\omega)}{X(j\omega)} \tag{8-23}$$

由于 $H(j\omega)$ 通常为复函数，故也可写成：

$$H(j\omega) = |H(j\omega)| e^{j\angle H(j\omega)} \tag{8-24}$$

即

$$|H(j\omega)| = \frac{|Y_{zs}(j\omega)|}{|X(j\omega)|}, \quad \angle H(j\omega) = \angle Y_{zs}(j\omega) - \angle X(j\omega) \tag{8-25}$$

式中，$\angle Y_{zs}(j\omega)$、$\angle X(j\omega)$ 分别表示 $y_{zs}(t)$、$x(t)$ 的相位谱。

通常对于线性常系数微分方程描述的连续系统，还可以简单地从系统方程求出 $H(j\omega)$，而一旦求得 $H(j\omega)$，则可以通过对其进行傅里叶逆变换求得系统的单位冲激响应 $h(t)$。

$$\sum_{r=0}^{n} a_r y^{(r)}(t) = \sum_{k=0}^{m} b_k x^{(k)}(t) \tag{8-26}$$

显然

$$\sum_{r=0}^{n} a_r y_{zs}^{(r)}(t) = \sum_{k=0}^{m} b_k x^{(k)}(t) \tag{8-27}$$

对式（8-27）两边取傅里叶变换，可得

$$\sum_{r=0}^{n} a_r (j\omega)^r Y_{zs}(j\omega) = \sum_{k=0}^{m} b_k (j\omega)^k X(j\omega) \tag{8-28}$$

则

$$H(j\omega) = \frac{Y_{zs}(j\omega)}{X(j\omega)} = \frac{\displaystyle\sum_{k=0}^{m} b_k (j\omega)^k}{\displaystyle\sum_{r=0}^{n} a_r (j\omega)^r} \tag{8-29}$$

根据式(8-25)，$|H(\mathrm{j}\omega)|$ 为 $H(\mathrm{j}\omega)$ 的幅度函数，它是系统在某激励作用下的频率响应幅度与该激励频谱幅度之比，称为系统的幅频特性(也称为系统的幅频响应或幅度响应)；$\angle H(\mathrm{j}\omega)$ 为 $H(\mathrm{j}\omega)$ 的相角函数，它是系统在某激励作用下的频率响应与激励频谱的相位谱之差，称为系统的相频特性(也称为系统的相频相应或相位响应)。系统的幅频特性和相频特性统称为系统的频率特性(也称为系统的频率响应)，即 $H(\mathrm{j}\omega)$。从本质上讲，$H(\mathrm{j}\omega)$ 就是系统在单位冲激信号激励下的频率响应。$H(\mathrm{j}\omega)$ 描述的是系统响应的傅里叶变换与激励的傅里叶变换之间的关系。$H(\mathrm{j}\omega)$ 只与系统本身的特性有关，而与激励无关，因此，它是表征系统特性的一个重要参数。

MATLAB 信号处理工具箱中提供了 freqs 函数来计算系统的频率响应的数值解，并可以绘制出系统的幅频及相频响应曲线。freqs 函数调用格式如下：

H = freqs(b, a, ω)：其中，输入参量 b 和 a 分别表示 $H(\mathrm{j}\omega)$ 的分子和分母多项式的系数向量，对应式(8-29)的向量 $[b_m, b_{m-1}, b_{m-2}, \cdots, b_0]$ 和 $[a_m, a_{m-1}, a_{m-2}, \cdots, a_0]$；ω 为系统频率响应的频率范围，其一般形式为 $\omega_1 : p : \omega_2$，其中，ω_1 为频率起始值，ω_2 为频率终止值，p 为频率的取样间隔。输出参量 H 为返回在 ω 所定义的频率点上频率响应的样值。

freqs(b, a)：该调用格式不会返回系统频率响应的样值，而是作出系统的幅度响应和相位响应的波特图，其中输入参量 b 和 a 与上述格式相同。

【例 8-12】　已知系统的微分方程为 $y'''(t) + 3y''(t) + 6y'(t) + 3y(t) = 4x'(t) + 2x(t)$，求该系统的频率响应，并用 MATLAB 绘制其幅频特性图和相频特性图。

解：对该系统的微分方程的两边取傅里叶变换，可得

$$Y(\omega)[(\mathrm{j}\omega)^3 + 3(\mathrm{j}\omega)^2 + 6(\mathrm{j}\omega) + 3] = X(\omega)[4(\mathrm{j}\omega) + 2]$$

因此，频率响应函数为

$$H(\omega) = \frac{Y(\omega)}{X(\omega)} = \frac{4(\mathrm{j}\omega) + 2}{(\mathrm{j}\omega)^3 + 3(\mathrm{j}\omega)^2 + 6(\mathrm{j}\omega) + 3}$$

其 MATLAB 程序如下：

```
%cx0812. m
%利用 MATLAB 绘制系统幅频特性图和相频特性图
w = -10:0.01:10;
b = [4 2];
a = [1 3 6 3];
H = freqs(b,a,w);
subplot(211)
plot(w,abs(H)),grid on
xlabel(' 角频率( \omega) '),ylabel(' 幅度 ')
title(' H( w)的幅频特性 ')
subplot(212)
plot(w,angle(H)),grid on
xlabel('角频率( \omega)'),ylabel(' 相位 ')
```

title('H(w)的幅频特性')

其运行结果如图 8-20 所示。

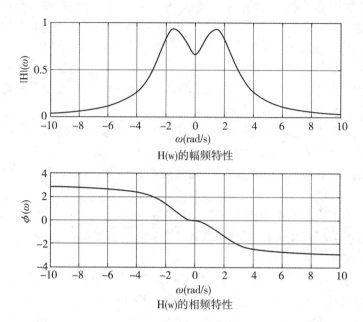

H(w)的幅频特性

H(w)的相频特性

图 8-20　系统的频率响应

【**例 8-13**】　图 8-24 所示为用 *RLC* 原件构成的低通滤波器，其中，$u_1(t)$、$u_2(t)$ 分别为输入、输出电压信号，$L = 0.4\mathrm{H}$、$C = 0.1\mathrm{F}$、$R_1 = R_2 = 2\Omega$。试用 MATLAB 求其频率响应并绘制幅度响应和相位响应曲线。

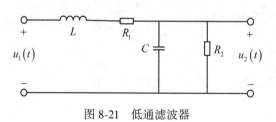

图 8-21　低通滤波器

解：由于 $R_1 = R_2 = \sqrt{\dfrac{L}{C}} = 2\Omega$，故可得系统的频率响应

$$H(\mathrm{j}\omega) = \dfrac{\dfrac{1}{\dfrac{1}{R_2} + \mathrm{j}\omega C}}{R_1 + \mathrm{j}\omega L + \dfrac{1}{\dfrac{1}{R_2} + \mathrm{j}\omega C}} = \dfrac{1}{0.04\,(\mathrm{j}\omega)^2 + 0.4\mathrm{j}\omega + 2}$$

电路的截止频率为

$$\omega_c = \frac{1}{\sqrt{LC}} = 5$$

其 MATLAB 程序如下：

```
%cx0813. m
%利用 MATLAB 求 RLC 低通滤波器频率响应
w = -40:0.01:40;
b = [1];
a = [0.04 0.4 2];
H = freqs(b,a,w);
subplot(211)
plot(w,abs(H)),grid on
xlabel('角频率(\omega)'),ylabel(' 幅度 ')
title('H(w)幅频特性')
subplot(212)
plot(w,angle(H)),grid on
xlabel('角频率(\omega)'),ylabel(' 相位 ')
title('H(w)相频特性')
```

运行结果如图 8-22 所示。

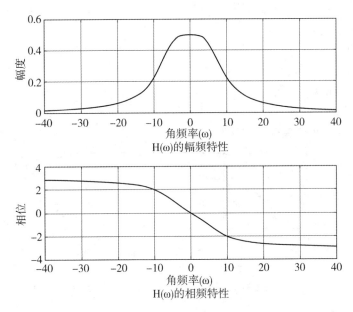

图 8-22　RLC 低通滤波器的频率响应

【例 8-14】　图 8-23 所示为一个 RC 带通滤波器，其中 ku_3 为受控电压源，且 $R_1 C_1 \ll R_2 C_2$，当 $R_1 = 0.1\Omega$，$C_1 = 0.001\text{F}$，$R_2 = 2\Omega$，$C_2 = 1\text{F}$，$k = 2$ 时，试用 MATLAB 求其频率响应，并绘制幅度响应和相位响应曲线。

解：该带通滤波器的频率响应为

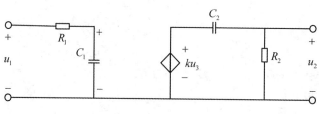

图 8-23 RC 带通滤波器

$$H(\mathrm{j}\omega) = \frac{u_2(\mathrm{j}\omega)}{u_1(\mathrm{j}\omega)} = \frac{20000\mathrm{j}\omega}{(\mathrm{j}\omega)^2 + 10000.5\mathrm{j}\omega + 5000}$$

上升沿截止频率 $\omega_{c_1} \approx \dfrac{1}{R_2 C_2} = 0.5$，下降沿截止频率 $\omega_{c_2} \approx \dfrac{1}{R_1 C_1} = 10000$，通带内的幅度响应值近似于 $k = 2$。

由于滤波器的通带范围很大，故用波特图来绘制该滤波器的幅度响应和相位响应曲线。

其 MATLAB 程序如下：

%cx0814. m

%利用 MATLAB 求 RC 带通滤波器频率响应

b = [20000 0];

a = [1 10000.5 5000];

freqs(b,a)

运行结果如图 8-24 所示。

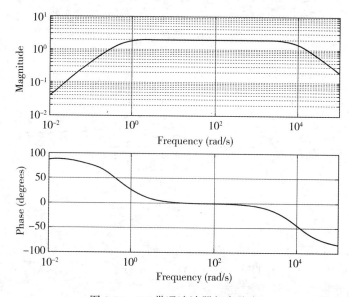

图 8-24 RC 带通滤波器频率响应

【例 8-15】 已知某低通滤波器的频率响应为 $H(\omega) = \dfrac{1}{-\omega^2 + 5j\omega + 3}$，若外加激励信号为 $x(t) = 4\cos(t) + 2\cos(20t)$，试用 MATLAB 求其稳态响应。

解：MATLAB 程序如下：

```
%cx0815. m
%利用 MATLAB 求低通滤波器的稳态响应
t=0:0.01:20;
w1=1;
w2=10;
H1=1/(-w1^2+5*j*w1+3);
H2=1/(-w2^2+5*j*w2+3);
x=4*cos(t)+2*cos(20*t);
y=abs(H1)*cos(w1*t+angle(H1))+abs(H2)*cos(w2*t+angle(H2));
subplot(211)
plot(t,x),grid on
title('x(t)')
subplot(212)
plot(t,y),grid on
title('y(t)')
```

运行结果如图 8-25 所示。

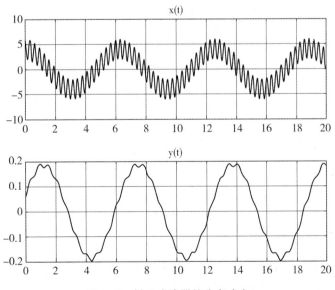

图 8-25 低通滤波器的稳态响应

观察图 8-25 可以看出，信号通过该低通滤波器，其高频分量的衰减很大，而低频分量衰减较小。

习　　题

1. 已知图 8-26 为用 RLC 原件构成的格形滤波器，当满足 $\dfrac{L}{C}=R^2$ 时，它是一个全波滤波器，试用 MATLAB 求其频率响应，并绘制幅度响应和相位响应曲线，观察其全通特性。

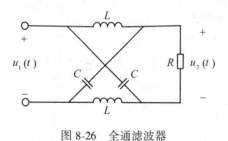

图 8-26　全通滤波器

2. 已知系统的微分方程为 $y'''(t)+y''(t)+5y'(t)+3y(t)=-5x'(t)+3x(t)$，当外加激励信号 $x(t)=\cos(2t)$ 时，试用 MATLAB 命令求系统的稳态响应。

实验四　信号抽样

一、实验目的

(1)运用 MATLAB 进行信号抽样及对抽样信号的频谱进行分析；

(2)运用 MATLAB 对抽样后的信号进行恢复；

(3)运用 MATLAB 对抽样定理的验证。

二、实验原理及实例分析

1. 信号抽样

采用恒定的速率对一个连续时间信号进行"抽样"，就可以得到一个离散时间信号。所谓"抽样"，就是利用抽样脉冲序列 $p(t)$ 从连续时间信号 $x(t)$ 中"抽取"一系列的离散时间样值，这种离散时间信号通常称为"信号抽样"，以 $x_s(t)$ 表示，如图 8-27 所示。

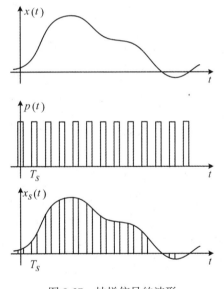

图 8-27　抽样信号的波形

在数字通信系统中，原始的连续信号通常被抽样为离散信号，接着被量化、编码成数字信号。这种数字信号经传输到达信宿后，再进行逆变换，就可以恢复出原连续信号。

令连续信号 $x(t)$ 、抽样脉冲序列 $p(t)$ 和抽样后信号的傅里叶变换分别为

$$X(j\omega) = \mathscr{F}[x(t)],\ P(j\omega) = \mathscr{F}[p(t)],\ X_s(j\omega) = \mathscr{F}[x_s(t)]$$

若采用均匀抽样，设抽样周期为 T_s ，抽样频率为 $\omega_s = 2\pi f_s = \dfrac{2\pi}{T_s}$ 。一般情况下，抽样过程是通过抽样脉冲序列 $p(t)$ 与连续信号 $x(t)$ 相乘来完成的，即满足：

$$x_s(t) = x(t)p(t) \tag{8-30}$$

$p(t)$ 是周期信号，故其傅里叶变换为

$$P(j\omega) = 2\pi \sum_{n=-\infty}^{\infty} P_n \delta(\omega - n\omega_s) \tag{8-31}$$

$$P_n = \frac{1}{T} \int_{-\frac{T}{2}}^{\frac{T_s}{2}} p(t) e^{-jn\omega_s t} dt \tag{8-32}$$

根据傅里叶变换的频域卷积定理，有

$$X_s(j\omega) = \frac{1}{2\pi} X(j\omega) * P(j\omega) \tag{8-33}$$

将式(8-31)代入式(8-33)，得到抽样信号的傅里叶变换为

$$X_s(j\omega) = \sum_{n=-\infty}^{\infty} P_n X[j(\omega - n\omega_s)] \tag{8-33}$$

式(8-33)表明，信号在时域被抽样后，它的频谱 $X_s(j\omega)$ 波形是原信号频谱 $X(j\omega)$ 的波形以抽样频率 ω_s 为间隔周期重复而得到的，在重复的过程中，幅度被抽样信号 $p(t)$ 的傅里叶级数 P_n 所加权。由于 P_n 只是 n 的函数而不是 ω 的函数，所以 $X(j\omega)$ 在重复过程中不会发生形状变化。

当 $p(t)$ 为周期单位冲激序列时，这种抽样称为"冲激抽样"或"理想抽样"。

因为 $p(t) = \delta_T(t) = \sum_{n=-\infty}^{\infty} \delta(t - nT)$，$x_s(t) = x(t)\delta_T(t)$，在这种情况下，抽样信号 $x_s(t)$ 是由一系列冲激函数构成的，每个冲激的间隔为 T_s，而强度等于连续信号的抽样值 $x(nT_s)$。由于周期单位冲激序列的傅里叶系数 $P_n = \frac{1}{T_s}$，则根据式(8-33)，冲激抽样信号的频谱为

$$X_s(j\omega) = \frac{1}{T_s} \sum_{n=-\infty}^{\infty} X[j(\omega - n\omega_s)] \tag{8-34}$$

由于冲激序列的傅里叶系数 P_n 为常数，故 $X_s(j\omega)$ 是以 ω_s 为周期等幅地重复。

【例 8-16】 已知三角脉冲信号为 $x(t) = 4 - |t|$（$0 \le t \le 4$），试用 MATLAB 实现该信号经冲激脉冲抽样后得到的抽样信号 $x_s(t)$ 及其频谱。

解：采用抽样间隔为 $Ts = 1$ 时，MATLAB 程序如下：

```
%cx0816. m
%利用 MATLAB 实现三角脉冲信号抽样
Ts=1;
dt=0.01;
t1=-4:dt:4;
xt=(4-abs(t1)).*(heaviside(t1+8)-heaviside(t1-8));
subplot(221)
plot(t1,xt),grid on
axis([-4.2 4.2 -0.1 4.1])
```

```
xlabel('t'),title(' 三角脉冲信号 ')
N = 500;
k = -N:N;
W = pi * k/(N * dt);
Xw = dt * xt * exp(-j * t1' * W);
subplot(222)
plot(W,abs(Xw)),grid on
xlabel('\omega '),title(' 三角脉冲信号频谱 ')
axis([-10 10 -0.1 18])
t2 = -4:Ts:4;
xst = (4-abs(t2)). * (heaviside(t2+8)-heaviside(t2-8));
subplot(223)
plot(t1,xt),hold on
stem(t2,xst),grid on
axis([-4.2 4.2 -0.1 4.1])
xlabel('t'),title(' 经过冲激抽样后的信号 '),hold off
Xsw = Ts * xst * exp(-j * t2' * W);
subplot(224)
plot(W,abs(Xsw)),grid on
xlabel('\omega '),title(' 抽样后的信号的频谱 ')
axis([-10 10 -0.1 18])
```

运行结果如图 8-28 所示。

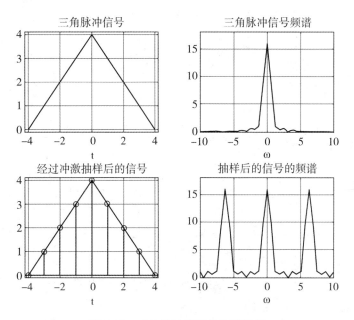

图 8-28　三角脉冲信号的冲激抽样

2. 抽样定理

时域抽样定理：一个频谱受限的信号 $x(t)$，如果频谱只占据 $-\omega_m \sim +\omega_m$ 的范围，则 $x(t)$ 可以用等间隔的抽样值唯一地表示，抽样间隔必须不大于 $\dfrac{1}{2f_m}$（$\omega_m = 2\pi f_m$），或者说，最低抽样频率为 $2f_m$。

若信号 $x(t)$ 的频谱 $X(j\omega)$ 限制在 $-\omega_m \sim +\omega_m$ 范围内，以间隔 $T_s\left(\text{或重复频率 }\omega_s = \dfrac{2\pi}{T_s}\right)$ 对 $x(t)$ 进行抽样，抽样后信号 $x_s(t)$ 的频谱 $X_s(j\omega)$ 是 $X(j\omega)$ 以 ω_s 为周期延拓的。只有满足 $\omega_s \geqslant 2\omega_m$ 时，延拓的一系列 $X(j\omega)$ 才不会相互重叠，即 $X_s(j\omega)$ 才不会产生频率的混叠，也可以通过信号处理技术将 $X(j\omega)$ 从 $X_s(j\omega)$ 中分离出来，从而恢复出 $x(t)$。

通常，把最低允许的抽样率 $f_s = 2f_m$ 称为"奈奎斯特频率"，把最大允许的抽样间隔 $T_s = \dfrac{\pi}{\omega_m} = \dfrac{1}{2f_m}$ 称为"奈奎斯特间隔"。

【例 8-17】 试用三角脉冲信号来验证抽样定理。

解：例 8-16 中三角脉冲信号的截止频率为 $\omega_m = \dfrac{2\pi}{\tau} = \dfrac{\pi}{2}$，故奈奎斯特间隔 $T_s = \dfrac{\pi}{\omega_m} = 2$，在例 8-16 的程序中，可以通过修改 T_s 的值得到不同的结果。例如，取 $T_s = 2$ 时和取 $T_s = 3$ 时，抽样信号的频谱如图 8-29 所示。

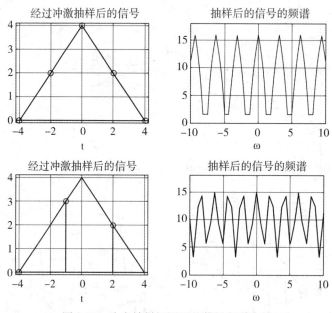

图 8-29 改变抽样间隔后的信号频谱比较

观察图 8-29 可以发现，抽样间隔大于奈奎斯特间隔时，信号的频谱会产生十分严重的混叠现象。

3. 信号的恢复

在满足抽样定理的条件下，为了从频谱 $X_s(j\omega)$ 中无失真地选出 $X(j\omega)$，可以用矩形函数 $H(j\omega)$ 与 $X_s(j\omega)$ 相乘，即

$$X(j\omega) = X_s(j\omega)H(j\omega) \tag{8-35}$$

式中，$H(j\omega) = \begin{cases} T_s & |\omega| < \omega_m \\ 0 & |\omega| \geqslant \omega_m \end{cases}$

根据时域卷积定理可得，式(8-35)对应于时域为

$$x(t) = x_s(t) * h(t) \tag{8-36}$$

又由于

$$x_s(t) = \sum_{n=-\infty}^{\infty} x(nT_s)\delta(t - nT_s) \tag{8-37}$$

$$h(t) = \mathscr{F}^{-1}[H(j\omega)] = T_s\frac{\omega_c}{\pi}\mathrm{Sa}(\omega_c t) \tag{8-38}$$

其中，ω_c 为 $H(j\omega)$ 的截止频率。

将式(8-37)和式(8-38)代入式(8-36)，可得

$$x(t) = \frac{\omega_c T_s}{\pi}\sum_{n=-\infty}^{\infty} x(nT_s)\mathrm{Sa}[\omega_c(t - nT_s)] \tag{8-39}$$

式(8-39)表明，连续信号 $x(t)$ 可以展开为 Sa 函数的无穷级数，该级数的系数等于采样值 $x(nT_s)$。

【例 8-18】　对于三角脉冲信号 $x(t) = 4 - |t|$（$0 \leqslant t \leqslant 4$），假设截止频率为 $\omega_m = \frac{\pi}{2}$，抽样间隔为 $T_s = 1$，试用 MATLAB 恢复抽样信号，并计算恢复后的信号与原信号的绝对误差。

解：去低通滤波器的截止频率为 $\omega_c = 1.1\omega_m$，则 MATLAB 程序如下：

```
%cx0818. m
%利用 MATLAB 实现信号的恢复
wm=pi/2;
wc=1.1 * wm;
Ts=1;
n=-50:50;
nTs=n * Ts;
xs=((4-abs(nTs)) * (heaviside(nTs+8)-heaviside(nTs-8)));
t=-4:0.01:4;
xt=xs * Ts * wc/pi * sinc((wc/pi) * (ones(length(nTs),1) * t-nts' * ones(1,length(t))));
```

```
t1 = -4:0.01:4;
x1 = ((4-abs(t1)) * (heaviside(t1+8) - heaviside(t1-8)));
subplot(311)
stem(nTs,xs),hold on
plot(t1,x1),grid on
axis([-4.1 4.1 -0.1 4.1])
title('Ts=1时的抽样信号')
hold off
subplot(312)
plot(t,xt),grid on
axis([-4.1 4.1 -0.1 4.1])
title('恢复后所得的三角脉冲信号')
error = abs(xt-x1);
subplot(313)
plot(t,error),grid on
title('恢复信号与原信号的绝对误差')
```

运行结果如图 8-30 所示。

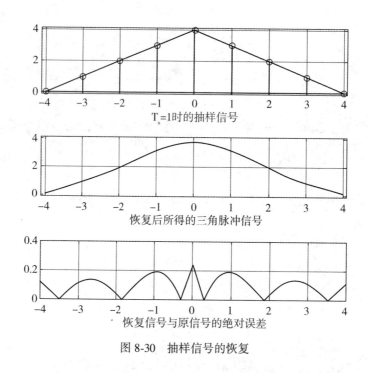

图 8-30　抽样信号的恢复

习　题

1. 已知信号 $x(t) = \mathrm{Sa}(100t)$，计算该信号的奈奎斯特频率，并以不同采样频率对该信号进行采样，画出采样前后信号的频谱，观察随着采样频率的变化，信号频谱有何变化。

2. 已知余弦脉冲信号为 $x(t) = E\cos\dfrac{\pi t}{\tau}$，$|t| \leqslant \dfrac{\tau}{2}$，作该余弦脉冲信号经过冲激抽样得到的信号 $x_s(t)$ 及其频谱，再利用 $x_s(t)$ 恢复信号 $x_s(t)$ 并求其余原信号的绝对误差。

第 9 章　连续信号的 s 域分析

实验一　拉普拉斯变换

一、实验目的

(1)运用 MATLAB 求信号的拉普拉斯变换；

(2)运用 MATLAB 求信号的拉普拉斯反变换；

(3)运用 MATLAB 实现部分分式法的拉普拉斯反变换。

二、实验原理及实例分析

1. 拉普拉斯变换

对不满足绝对可积条件的信号 $x(t)$ 乘以适当的衰减因子 $e^{-\sigma t}$（σ 为实数，$e^{-\sigma t}$ 为实指数信号(函数))，使乘积信号 $x(t)e^{-\sigma t}$ 随 $|t|$ 增长而收敛，它就能满足绝对可积条件，这时，信号 $x(t)e^{-\sigma t}$ 必定存在傅里叶变换。由于因子 $e^{-\sigma t}$ 起着使 $x(t)$ 收敛的作用，故也称其为收敛因子。而衰减因子 σ 的数值选取要适当，因为当信号 $x(t)$ 乘以收敛因子 $e^{-\sigma t}$ 后，就有满足绝对可积条件的可能性，但是否一定能够满足，则取决于 $x(t)$ 自身的形状和 σ 值的大小。通常把 $x(t)e^{-\sigma t}$ 满足绝对可积条件的 σ 取值范围称为收敛域，记为 R_x。

若 $x(t)e^{-\sigma t}$ 满足绝对可积条件，则其傅里叶变换为

$$\mathscr{L}\left[x(t)e^{-\sigma t}\right] = \int_{-\infty}^{\infty} x(t)e^{-j\frac{\sigma+j\omega}{j}t}dt = X\left(\frac{\sigma+j\omega}{j}\right), \ \sigma \in R_x \tag{9-1}$$

若将复变量 $\sigma + j\omega$ 设为一个新的变量 s，即令 $s = \sigma + j\omega$，则式(9-1)就演变成了一个新的积分变换式，即

$$X(s) = \mathscr{L}\left[x(t)\right] = \int_{-\infty}^{\infty} x(t)e^{-st}dt, \ (\ \mathrm{Re}(s) = \sigma\ ) \in R_x \tag{9-2}$$

拉氏变换和连续傅里叶变换的数学定义式十分相似，因此，前者可以视为后者的推广，故而它们的许多性质也类同。但是，两者之间却存在着许多根本的差异。首先，从物理概念上讲，傅里叶变换中的变量 ω 是一个实变量，表示实际的物理参数，即频率，因此，傅里叶变换有着明确的物理意义，而拉氏变换中的变量 s 则是一个复变量($s = \sigma + j\omega$，σ、ω 为实数，σ 和 $j\omega$ 分别表示 s 平面的横轴(实轴)和纵轴(虚轴)，并分别称为 σ 轴

和 $j\omega$ 轴，它们构成了 s 平面的坐标)，s 既可以通过 ω 来表示信号的重复频率，还可以通过 σ 来表示信号幅值的包络变化。其次，两者在应用方面也各有偏重，傅里叶变换主要用于如滤波、调制、抽样等一些以频谱分析为主的领域，拉氏变换则主要用于求解微分方程、系统响应，以及利用系统函数的零、极点分析系统基本特性等方面，并且非常方便实用。

MATLAB 符号工具箱提供了求解拉普拉斯变换的函数 laplace( )，它的调用格式和用法分别如下：

L=laplace(x)：对默认独立变量为 t 的符号表达式 $x(t)$ 求拉普拉斯变换，返回得到以默认符号自变量 s 的关于 x 的拉普拉斯变换的符号表达式。

L=laplace(x，v)：对默认独立变量为 t 的符号表达式 $x(t)$ 求拉普拉斯变换，返回得到以默认符号自变量 s 的关于 x 的拉普拉斯变换的符号表达式。

【例 9-1】　试用 MATLAB 求出下列函数的拉普拉斯变换。

(1) $\sin(2t)u(t)$　　　　　　　(2) $e^{-3t}u(t)$　　　　　　　(3) $e^{-2t}\sin(t)u(t)$

解：MATLAB 程序如下：

```
%cx0901. m
%利用 MATLAB 求函数的拉普拉斯变换
syms t;
x1=sin(2*t). *heaviside(t);
L1=laplace(x1)
x2=exp(-3*t). *heaviside(t);
L2=laplace(x2)
x3=exp(-2*t). *sin(t). *heaviside(t);
L3=laplace(x3)
```

运行结果如下：

```
L1 =
2/(s^2 + 4)
L2 =
1/(s + 3)
L3 =
1/((s + 2)^2 + 1)
```

2. 拉普拉斯反变换

拉普拉斯反变换定义为

$$x(t) = \mathscr{L}^{-1}[X(s)] = \frac{1}{2\pi j}\int_{\sigma-j\infty}^{\sigma+j\infty} X(s)e^{st}ds\,(\mathrm{Re}(s)=\sigma) \tag{9-3}$$

式(9-3)表明，$x(t)$ 可以用一个复指数 e^{st} 的加权积分来表示，积分路径是 s 平面上收敛域内平行于 $j\omega$ 的一条自下而上的无限长直线，该直线距离 $j\omega$ 轴为 σ，σ 是 $X(s)$ 收敛域内的任意值。

MATLAB 符号工具箱提供了求解拉普拉斯反变换的函数 ilaplace( )，它的调用格式和用法分别如下：

x=ilaplace(L)：对默认参量为 s 的符号表达式 $X(s)$ 求拉普拉斯反变换，返回得到默认符号自变量 t 的关于 L 的拉普拉斯逆变换 $x(t)$ 的符号表达式。

x=ilaplace(L, w)：对默认参量为 s 的符号表达式 $X(s)$ 求拉普拉斯反变换，返回得到符号自变量为 w 的关于 X 的拉普拉斯变换的符号表达式。

【例 9-2】 利用 MATLAB 求下列象函数的逆变换。

（1）$X_1(s) = \dfrac{2s+4}{s^2+4s+3}$　　　　（2）$X_2(s) = \dfrac{s^2+8}{s^2+5s+6}$

（3）$X_3(s) = \dfrac{1}{s(s+1)^2}$　　　　（4）$X_4(s) = \dfrac{s^2+2s+5}{(s+3)(s+5)^2}$

解：MATLAB 程序如下：

```
%cx0902. m
%利用 MATLAB 求函数的拉普拉斯逆变换
syms s；
L1=(2*s+4)/(s^2+4*s+3)；
x1=ilaplace(L1)
L2=(s^2+8)/(s^2+5*s+6)；
x2=ilaplace(L2)
L3=1/(s*(s+1)^2)；
x3=ilaplace(L3)
L4=(s^2+2*s+5)/((s+3)*(s+5)^2)；
x4=ilaplace(L4)
```

运行结果如下：

```
x1 =
  exp(-t) + exp(-3*t)
x2 =
  12*exp(-2*t) - 17*exp(-3*t) + dirac(t)
x3 =
  1 - t*exp(-t) - exp(-t)
x4 =
  2*exp(-3*t) - exp(-5*t) - 10*t*exp(-5*t)
```

3. 部分展开式法求拉普拉斯反变换

由于 $X(s)$ 一般可以表示为

$$X(s) = \frac{N(s)}{D(s)} = \frac{b_m s^m + b_{m-1} s^{m-1} + \cdots + b_1 s + b_0}{a_n s^n + a_{n-1} s^{n-1} + \cdots + a_1 s + a_0} \tag{9-4}$$

式(9-4)中，$N(s)$ 和 $D(s)$ 是复变量 s 的多项式，m 和 n 都是正整数，且系数 a_i 和 b_i

均为实数。

从数学上讲，当 $m < n$ 时，$X(s)$ 为真分式；当 $m \geqslant n$ 时，$X(s)$ 为假分式，这时可以将其分解成一个关于 s 的有理多项式 $Q(s)$ 与一个有理真分式 $\dfrac{R(s)}{D(s)}$ 之和，即

$$X(s) = Q(s) + \frac{R(s)}{D(s)} = c_0 + c_1 s + \cdots + c_{n-1} s^{m-n} + \frac{R(s)}{D(s)} \tag{9-5}$$

式(9-5)中，$c_i(i = 1, 2, \cdots, n-1)$ 为复频域中的常数，有理多项式的拉氏反变换为冲激函数 $\delta(t)$ 及其一阶直到 $m-n$ 阶导数之和，即

$$\mathscr{L}^{-1}[c_0 + c_1 s + \cdots + c_{n-1} s^{m-n}] = c_0 \delta(t) + c_1 \delta^{(1)} + \cdots + c_{n-1} \delta^{(m-n)}(t)$$

有理真分式 $\dfrac{R(s)}{D(s)}$ 可以在展开为部分分式后求反变换。因此，有理分式的拉氏反变换的计算最终可归结为有理真分式拉氏反变换的计算，故下面仅讨论这种拉氏反变换的计算，并假定 $X(s) = \dfrac{N(s)}{D(s)}$ 本身为有理真分式。当 $N(s)$ 和 $D(s)$ 有公因子时，则应先将其消去。

所谓部分分式展开，就是把一个有理真分式 $X(s)$ 展开成若干个部分分式(低阶有理分式)之和的形式，即 $X(s) = \sum\limits_{i=1}^{n} X_i(s)$，为此，必须先求出 $D(s) = 0$ 的根，因为 $D(s)$ 为 s 的 n 次多项式，所以 $D(s) = 0$ 有 n 个根 $s_i(i = 1, 2, \cdots, n)$，即 $X(s)$ 的 n 个极点，这里分为三种类型，即单根极点、重根极点和共轭极点。$X(s)$ 展开为部分分式的具体形式取决于 s_i 的上述类型。

1) $X(s)$ 具有 q 个单根极点

设在 $D(s) = 0$ 的 n 个根中，有 $q(q \leqslant n)$ 个单根(可以是实根或复根)，分别为 p_1，$p_2, \cdots, p_q$，当 $X(s)$ 的所有极点为单根极点时，$X(s)$ 可以展开为下面的部分分式，即

$$X(s) = \frac{k_1}{s - p_1} + \frac{k_2}{s - p_2} + \cdots + \frac{k_q}{s - p_q} + \frac{N_1(s)}{D_1(s)} \tag{9-6}$$

式中，$k_1, k_2, \cdots, k_q$ 为待定系数。将式(9-6)两边同时乘以 $(s - p_i)$，并令 $s = p_i$，则等式右边除 k_i 外，其余各项均为零，从而得到

$$k_i = [(s - p_i) X(s)]|_{s=p_i}, \quad i = 1, 2, \cdots, q \tag{9-7}$$

此时 $X(s)$ 的拉普拉斯反变换为

$$x(t) = \sum_{i=1}^{N} k_i \mathrm{e}^{p_i t} \varepsilon(t) \tag{9-8}$$

2) $X(s)$ 具有 m 重极点

设在 $D(s) = 0$ 的 n 个根中，有一个 m 重根为 p_1，其余的根也可以是实根或者复根，则 $X(s)$ 可以表示为

$$X(s) = \frac{R(s)}{(s - p_1)^m D_1(s)}, \quad s \in R_x \tag{9-9}$$

由于式(9-9)中 p_1 不是 $D_1(s)$ 的根，则 $X(s)$ 可以展开为如下形式的部分分式，即

$$X(s) = \frac{k_{11}}{(s-p_1)} + \frac{k_{12}}{(s-p_1)^2} + \cdots + \frac{k_{1m}}{(s-p_1)^m} + \frac{N_1(s)}{D_1(s)}, \quad s \in R_x \qquad (9\text{-}10)$$

在式(9-10)两边同时乘以 $(s-p_1)^m$，便可将待定系数 k_{1m} 单独分离出来，即

$$(s-p_1)^m X(s) = k_{11}(s-p_1)^{m-1} + k_{12}(s-p_1)^{m-2} + \cdots$$

$$+ k_{1m}(s-p_1) + k_{1m} + (s-p_1)^m \frac{N_1(s)}{D_1(s)}, \ s \in R_x \qquad (9\text{-}11)$$

在式(9-11)中，令 $s = p_1$，可以求出 k_{1m} 为

$$k_{1m} = (s-p_1)^m X(s)\big|_{s=p_1}$$

在式(9-11)两边对 s 求 r 阶导数，再令 $s = p_1$，便可求出 $k_{1(m-r)}$，即有

$$k_{1(m-r)} = \frac{1}{r!} \frac{d^r}{ds^r}\big[(s-p_1)^m X(s)\big]\big|_{s-p_1} \qquad (9\text{-}12)$$

此时 $X(s)$ 的拉普拉斯反变换为

$$x(t) = \sum_{i=1}^{m} k_{1i} t^{i-1} e^{p_i} \varepsilon(t)$$

3）$X(s)$ 具有共轭极点

由于 $X(s)$ 为两个关于 s 的实系数多项式之比，若存在复数为零、极点，它们必共轭成对出现，这使得与共轭极点对应的展开式系数也相互共轭。可以证明，若 $P(s)$ 为实系数多项式之比，则有

$$P(s^*) = P^*(s) \qquad (9\text{-}13)$$

设 $X(s)$ 含有一对一阶共轭极点 $p_1 = \alpha + j\beta$，$p_1 = \alpha - j\beta$，则 $X(s)$ 可以表示为

$$X(s) = \frac{N_1(s)}{(s-\alpha-j\beta)(s-\alpha+j\beta)} \qquad (9\text{-}14)$$

由于 $p_1 = \alpha + j\beta$，$p_1 = \alpha - j\beta$ 均不为 $N_1(s)$ 的根，故式(9-14)中可以展开为如下形式的部分分式，即

$$X(s) = \frac{k_1}{(s-\alpha-j\beta)} + \frac{k_2}{(s-\alpha+j\beta)} + X_1(s) \qquad (9\text{-}15)$$

式(9-15)中的待定系数由式(9-7)可推出，即

$$k_1 = \big[(s-\alpha-j\beta)X(s)\big]\big|_{s=\alpha+j\beta} = \frac{N_1(\alpha+j\beta)}{2j\beta}$$

$$k_2 = \big[(s-\alpha+j\beta)X(s)\big]\big|_{s=\alpha-j\beta} = \frac{N_1(\alpha-j\beta)}{-2j\beta}$$

考虑到式(9-13)，可知 k_1、k_2 应为共轭复数，即有

$$k_1 = k_2^* \quad k_1 = k_2^* \qquad (9\text{-}16)$$

因此，若设 $k_1 = |k_1| e^{j\theta}$，则 $k_2 = |k_1| e^{-j\theta}$，故一阶共轭极点对应于这两项部分分式的拉氏变换为

$$x(t) = 2|k_1| e^{-\alpha t} \cos(\beta t + \theta)\varepsilon(t) \qquad (9\text{-}17)$$

MATLAB 提供了 residue 函数可以用来实现利用部分分式展开法求拉普拉斯反变换。

它的调用格式和用法分别如下：

[k，p，c]=residue(b，a)：其中，b 为拉普拉斯变换 $X(s)$ 的分子的多项式系数构成的行向量，a 为拉普拉斯变换 $X(s)$ 的分母的多项式系数构成的行向量。输出参量 k 为部分分式展开的系数 $k_i(i = 0,\ 1,\ \cdots,\ q)$ 的列向量，p 为拉普拉斯变换 $X(s)$ 的所有极点位置的列向量，c 为有理多项式的系数 $c_i(i = 0,\ 1,\ \cdots,\ n)$ 的行向量。

【例 9-3】　试用 MATLAB 实现部分展开式法求拉氏变换式 $X(s) = \dfrac{3s^2 + s - 1}{s(s - 1)(s + 2)}$ 的反变换。

解：将 $X(s)$ 作部分分式分解后，可得

$$X(s) = \frac{3s^2 + s - 1}{s(s - 1)(s + 2)} = \frac{3s^2 + s - 1}{s^3 + s^2 - 2s}$$

则 MATLAB 程序如下：

```
%cx0903. m
%利用 MATLAB 实现部分展开式法的拉普拉斯反变换
syms s
b=[3 1 -1];
a=[1 1 -2 0];
[k,p,c]=residue(b,a)
```

运行结果如下：

```
k =
    1. 5000
    1. 0000
    0. 5000
p =
    -2
     1
     0
c =
    [ ]
```

由运行结果可知，$X(s)$ 的展开式为

$$X(s) = \frac{1}{2s} + \frac{1}{s - 1} + \frac{3}{2(s + 2)}$$

$X(s)$ 的拉普拉斯反变换为

$$x(t) = \left[\frac{1}{2} + e^t + \frac{3}{2}e^{-2t} \right] \varepsilon(t)$$

观察运行结果可知，当拉普拉斯变换 $X(s)$ 为真分式时，矩阵 c 为空阵。

习　题

1. 试用 MATLAB 实现下列信号的拉普拉斯变换。

(1) $x(t) = (2 + t)\,\mathrm{e}^{-3t}$

(2) $x(t) = \mathrm{e}^{-3t}\cos(2t)\varepsilon(t)$

2. 试用求下列函数的拉普拉斯反变换。

(1) $X(s) = \dfrac{1}{(s-1)(s-2)(s-3)}$

(2) $X(s) = \dfrac{5s + 3}{(s-1)(s^2 + 2s + 5)}$

(3) $X(s) = \dfrac{\mathrm{e}^{-s}}{s(s^2 + 1)}$

(4) $X(s) = \dfrac{\mathrm{e}^{-s}}{(s+2)\left[(s+2)^2 + 1\right]}$

实验二　连续时间系统的 s 域分析

一、实验目的

(1)掌握运用 MATLAB 实现零状态响应和零输入响应的 s 域求解的方法；
(2)掌握运用 MATLAB 分析系统函数的零、极点分布与系统时域特性的关系的方法。

二、实验原理及实例分析

1. 常微分方程描述的连续系统的零状态响应和零输入响应的 s 域求解

许多实际的连续系统都是可以用常微分方程描述的因果系统。这类系统可以用非零起始条件的常系数微分方程表示：

$$\begin{cases} \sum_{i=0}^{n} a_i y^{(i)}(t) = \sum_{j=0}^{m} b_j x^{(j)}(t), \ x(t) = 0, \ t < 0 \\ y^{(i)}(0_-) \neq 0, \ i = 0, 1, 2, \cdots, n-1 \end{cases} \tag{9-18}$$

应用单边拉氏变换的微分性质对式(9-18)两边取单边拉氏变换，可得

$$\sum_{i=0}^{n} a_i \mathscr{L}\left[y^{(i)}(t) \right] = \sum_{j=0}^{m} b_j \mathscr{L}\left[x^{(j)}(t) \right] \tag{9-19}$$

即

$$Y(s) \sum_{i=0}^{n} a_i s^i - \sum_{i=0}^{n} a_i \sum_{k=0}^{i-1} s^{i-k-1} y^{(k)}(0_-) = X(s) \sum_{j=0}^{m} b_j s^j \tag{9-20}$$

由式(9-20)可得

$$Y(s) = \underbrace{H(s)X(s)}_{\text{零状态响应} Y_{zs}(s)} + \underbrace{\frac{\sum_{i=0}^{n} a_i \sum_{k=0}^{i-1} s^{i-k-1} y^{(k)}(0_-)}{\sum_{i=0}^{n} a_i s^i}}_{\text{零输入响应} Y_{zi}(s)} \tag{9-21}$$

【例 9-4】　已知因果系统的系统函数为 $H(s) = \dfrac{s^2 + 5}{s^2 + 2s + 5}$，系统的起始状态 $y(0_-) = 0$，$y^{(1)}(0_-) = -2$，输入信号 $x(t) = \varepsilon(t)$，求系统的完全响应 $y(t)$、零输入响应 $y_{zi}(t)$ 及零状态响应 $y_{zs}(t)$。

解：根据系统函数可写出该系统的微分方程为

$$(t) + 2y^{(1)}(t) + ty(t) = x^{(1)}(t) + 5x(t)$$

对方程两边求拉氏变换可得

$$s^2 Y(s) - sy(0_-) - y'(0_-) + 2sY(s) - 2y(0_-) + 5Y(s) = s^2 X(s) + 5X(s)$$

将起始状态代入上式可得

$$Y(s) = \underbrace{\frac{-2}{s^2 + 2s + 5}}_{\text{零状态响应} Y_{zs}(s)} + \underbrace{\frac{s^2 + 5}{s^2 + 2s + 5} X(s)}_{\text{零输入响应} Y_{zi}(s)}$$

则可以利用 MATLAB 求其完全响应、零状态响应和零输入响应，其 MATLAB 程序如下：

```
%cx0904. m
%利用 MATLAB 实现系统响应的 s 域求解
syms t s
Yzi = -2/(s^2+2 * s+5);
yzi = ilaplace(Yzi)
xt = heaviside(t);
X = laplace(xt);
Yzs = X * (s^2+5)/(s^2+2 * s+5);
yzs = ilaplace(Yzs)
yt = simplify(yzi+yzs)
运行结果如下
yzi =
-sin(2 * t) * exp(-t)
yzs =
1 - sin(2 * t) * exp(-t)
yt =
1 - 2 * sin(2 * t) * exp(-t)
```

即系统的零输入响应为 $y_{zi}(t) = - e^{-t}\sin(2t)\varepsilon(t)$，系统的零状态响应为 $y_{zs}(t) = (1 - e^{-t}\sin(2t))\varepsilon(t)$，系统的全响应为 $y(t) = (1 - 2e^{-t}\sin(2t))\varepsilon(t)$。

2. 系统函数的零、极点分布

系统函数 $H(s)$ 的零、极点反映的基本特征，可以用其完全表征系统自身的特征，因此可以通过 $H(s)$ 的零、极点的分布状况来研究系统的特性。已知 $H(s)$ 的零、极点不仅可以得出系统的时域特性，便于划分系统响应的各个分量，而且可以用来研究系统的稳定性。而要通过系统函数的零、极点反映系统的特性，则首先需要求出系统的零、极点。

MATLAB 工具箱提供了 pzmap() 函数用于绘制系统函数零、极点分布图，其调用格式如下：

pzmap(sys)：sys 为由 tf 函数描述的系统函数，使用该命令将会绘制出系统函数的零、极点分布图。

[p，z]=pzmap(sys)：sys 为由 tf 函数描述的系统函数，p 为返回系统函数所在极点的向量，z 为返回系统函数所在零点的向量。使用该命令将不会绘制系统的零、极点分布图。

【例 9-5】 已知系统函数为 $H(s) = \dfrac{s + 1}{s^2 + 2s + 5}$，试用 MATLAB 求出系统函数的零、极点位置，并绘制出零、极点分布图。

解： MATLAB 程序如下：

```
%cx0905. m
%利用 MATLAB 求出并绘制系统函数的零、极点分布图
b = [1 1];
a = [1 2 5];
```

sys = tf(b,a);

[p,z] = pzmap(sys)

pzmap(sys)

运行结果如下：

p =

　　-1.0000+2.0000i

　　-1.0000-2.0000i

z =

　　　-1

得到系统函数的零、极点分布图如图 9-1 所示。

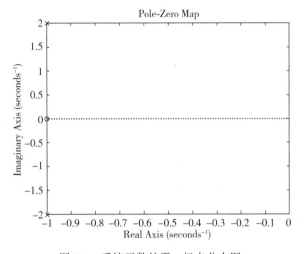

图 9-1　系统函数的零、极点分布图

如果仅要求求出系统的零、极点向量，可以利用 MATLAB 提供的 pole 函数和 zero 函数，它们分别用于计算系统函数的极点和零点。例如：

```
>> b=[1 2];
>> a=[1 4 5];
>> sys=tf(b, a);
>> p=pole(sys), z=zero(sys)
```

运行结果如下：

p =

　　-2.0000 + 1.0000i

　　-2.0000 - 1.0000i

z =

　　　-2

3. 系统函数的零、极点分布与系统时域特性的关系

由于系统函数 $H(s)$ 是系统的时域模型 $h(t)$ 对 s 域映射的结果，与输入无关。因此，

对 $H(s)$ 作部分分式分解后，根据典型信号的拉氏变换求逆变换，便可以确定单位冲激响应 $h(t)$ 的时域波形模式。下面将举例分析系统函数 $H(s)$ 的极点分布与系统冲激响应 $h(t)$ 之间的关系。

【例 9-6】　试用 MATLAB 分别绘制出下列各系统函数的零、极点分布图及单位冲激响应 $h(t)$ 的波形图。

(1) $H(s) = \dfrac{1}{s+2}$;

(2) $H(s) = \dfrac{1}{s-3}$;

(3) $H(s) = \dfrac{2}{s^2+4}$;

(4) $H(s) = \dfrac{2s}{(s^2+1)^2}$;

(5) $H(s) = \dfrac{1}{s}$;

(6) $H(s) = \dfrac{1}{s^2}$。

绘制系统的函数的零、极点图需要通过 pzmap 函数来实现，而冲激函数的波形图则需要通过 impulse 函数来实现。MATLAB 程序如下：

```
%cx0906. m
%利用 MATLAB 分析系统函数极点与系统时域特性的关系
b1 = [1]; a1 = [1 2];
sys1 = tf(b1,a1);
subplot(121)
pzmap(sys1)
subplot(122)
impulse(sys1), grid on
figure
b2 = [1]; a2 = [1 -3];
sys2 = tf(b2,a2);
subplot(121)
pzmap(sys2)
subplot(122)
impulse(sys2), grid on
figure
b3 = [2]; a3 = [1 0 4];
sys3 = tf(b3,a3);
subplot(121)
pzmap(sys3)
subplot(122)
impulse(sys3), grid on
```

```
figure
b4 = [ 2 0 ] ; a4 = [ 1 0 2 0 1 ] ;
sys4 = tf( b4 , a4 ) ;
subplot( 121 )
pzmap( sys4 )
subplot( 122 )
impulse( sys4 ) , grid on
figure
b5 = [ 1 ] ; a5 = [ 1 0 ] ;
sys5 = tf( b5 , a5 ) ;
subplot( 121 )
pzmap( sys5 )
subplot( 122 )
impulse( sys5 ) , grid on
figure
b6 = [ 1 ] ; a6 = [ 1 0 0 ] ;
sys6 = tf( b6 , a6 ) ;
subplot( 121 )
pzmap( sys6 )
subplot( 122 )
impulse( sys6 ) , grid on
```

系统函数零、极点分布与冲激响应时域波形如图 9-2 所示。

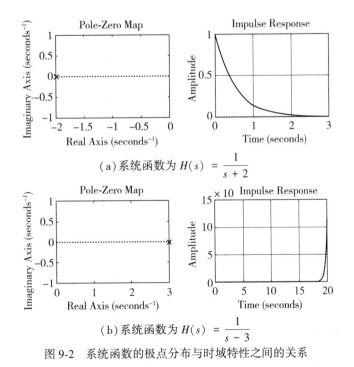

（a）系统函数为 $H(s) = \dfrac{1}{s+2}$

（b）系统函数为 $H(s) = \dfrac{1}{s-3}$

图 9-2　系统函数的极点分布与时域特性之间的关系

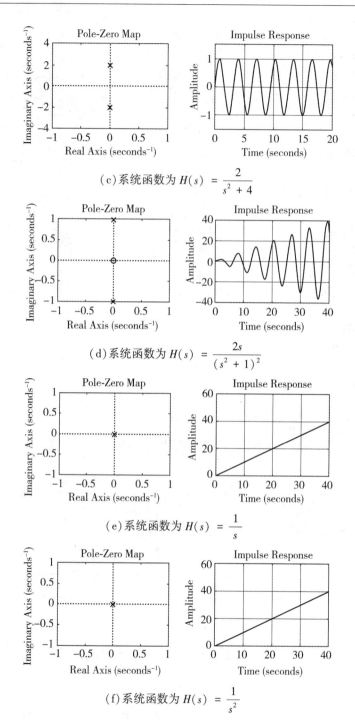

（c）系统函数为 $H(s) = \dfrac{2}{s^2 + 4}$

（d）系统函数为 $H(s) = \dfrac{2s}{(s^2 + 1)^2}$

（e）系统函数为 $H(s) = \dfrac{1}{s}$

（f）系统函数为 $H(s) = \dfrac{1}{s^2}$

图 9-2　系统函数的极点分布与时域特性之间的关系

　　观察图 9-2，可以得到系统函数极点分布与系统时域特性之间的关系如下：

　　（1）若 $H(s)$ 的极点 s_i 位于 s 平面左半开平面，则 $h(t)$ 中与该极点相对应的部分 $h_i(t)$ 随时间的增长而衰减，故系统稳定，如图 9-2（a）所示。

（2）若 $H(s)$ 的极点 s_i 位于 s 平面右半开平面，则 $h(t)$ 中与该极点相对应的部分 $h_i(t)$ 随时间的增长而增长，故系统不稳定，如图 9-2(b)所示。

（3）若 $H(s)$ 的极点 s_i 是 jω 轴上的一阶共轭极点，则 $h(t)$ 中与该极点相对应的部分 $h_i(t)$ 是等幅正弦振荡，故系统临界稳定，如图 9-2(c)所示；若 $H(s)$ 的极点 s_i 是 jω 轴上的高阶(二阶或二阶以上)共轭极点，则 $h(t)$ 中与该极点相对应的部分 $h_i(t)$ 是增幅正弦振荡，故系统不稳定，如图 9-2(d)所示。

（4）若 $H(s)$ 的极点 s_i 位于坐标原点上的单阶极点，则 $h(t)$ 中与该极点相对应的部分 $h_i(t)$ 是阶跃信号，故系统临界稳定，如图 9-2(e)所示；若 $H(s)$ 的极点 s_i 位于坐标原点上的二阶极点，则 $h(t)$ 中与该极点相对应的部分 $h_i(t)$ 是斜波信号，故系统不稳定，如图 9-2(f)所示。

下面利用 MATLAB 来观察 $H(s)$ 零点的分布情况对系统单位冲激响应 $h(t)$ 的影响。

【例 9-7】 试用 MATLAB 分别绘制出下列各系统函数的零、极点分布图及单位冲激响应 $h(t)$ 的波形图。

（1）$H(s) = \dfrac{s+1}{(s+1)^2+4}$　　　（2）$H(s) = \dfrac{s}{(s+1)^2+4}$

（3）$H(s) = \dfrac{(s+1)^2}{(s+1)^2+4}$

解：绘制系统的函数的零、极点图需要通过 pzmap 函数来实现，而冲激函数的波形图需要通过 impulse 函数来实现。MATLAB 程序如下：

```
%cx0907. m
%利用 MATLAB 分析系统零点与系统时域特性的关系
b1 = [1 1];a1 = [1 2 5];
sys1 = tf(b1,a1);
subplot(121)
pzmap(sys1)
subplot(122)
impulse(sys1),grid on
figure
b2 = [1 0];a2 = [1 2 5];
sys2 = tf(b2,a2);
subplot(121)
pzmap(sys2)
subplot(122)
impulse(sys2),grid on
figure
b3 = [1 2 1];a3 = [1 2 5];
sys3 = tf(b3,a3);
subplot(121)
```

pzmap(sys3)

subplot(122)

impulse(sys3),grid on

运行结果如图 9-3 所示。

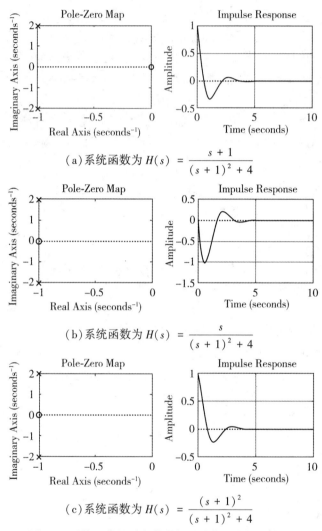

（a）系统函数为 $H(s) = \dfrac{s+1}{(s+1)^2+4}$

（b）系统函数为 $H(s) = \dfrac{s}{(s+1)^2+4}$

（c）系统函数为 $H(s) = \dfrac{(s+1)^2}{(s+1)^2+4}$

图 9-3　系统函数的零点分布与时域特性之间的关系

　　观察图 9-2 可以看出，系统函数 $H(s)$ 零点的分布情况对 $h(t)$ 的波形形状没有任何影响，但却可以影响波形的幅度和相位。对比图 9-3（a）与图 9-3（b）可知，零点从 −1 移到原点时，$h(t)$ 的波形幅度与相位发生了变化；对比图 9-3（a）与图 9-3（c）可知，当 −1 处的零点由一阶变为二阶时，则不仅 $h(t)$ 波形的幅度和相位发生了变化，而且其中还出现了冲激函数 $\delta(t)$。

习　题

1. 已知某连续系统的微分方程为：
$$y''(t) + 5y'(t) + 6y(t) = x'(t) - x(t)$$
且 $y(0_-) = 3$，$y'(0_-) = 1$，$x(t) = \delta(t) - \delta(t-1)$，分别求系统的零输入响应 $y_{zi}(t)$、零状态响应 $y_{zs}(t)$ 和全响应。

2. 已知连续信号的系统函数为：

（1）$H(s) = \dfrac{1}{s(s+1)(s+2)}$

（2）$H(s) = \dfrac{s+2}{(s+2)(s^2+3)}$

试用 MATLAB 命令画出其零、极点分布图与时域波形，并判断系统的稳定性。

第 10 章　离散时间系统的时域分析

实验一　离散时间信号的表示及运算

一、实验目的

(1)掌握运用 MATLAB 表示常用离散序列的方法；

(2)熟悉常用离散序列的波形及特性；

(3)掌握离散序列的基本运算。

二、实验原理和实例分析

如前所述，所谓连续，是指自变量没有间断，即信号的自变量可以在定义域内取任意值，对于时域连续信号，则是指在任意时刻 $t(-\infty < t < \infty)$，信号函数值都有定义；所谓离散，则是指自变量的有间断，信号的自变量不能在定义域内取任意值，而只能取一组离散的规定值(例如整数值)，在规定之外的自变量是没有意义的。因此，如果信号只在一系列离散时间 $n(n = 0,\ \pm 1,\ \pm 2,\ \cdots)$ 上有定义，即有确定的函数值，而在其他时间内没有定义，则为离散时间信号，简称离散信号，通常用 $x(n)$ 来表示。

对于一个具体的离散序列，往往需要知道哪个函数值对应于 $n = 0$ 点，这时可以采用列举的方法表示离散序列：

$$x(n) = \{0,\ 1,\ 2,\ 3,\ 4,\ 3,\ 2,\ 1,\ 0\}$$
$$\uparrow \qquad\qquad\qquad\qquad (10\text{-}1)$$
$$n = 0$$

则在 MATLAB 中输入以下命令，从而生成该离散序列：

>> n = -4: 4;

>> x = [0 1 2 3 4 3 2 1 0];

MATLAB 中一般用 stem 函数来实现离散时间信号的可视化。stem 函数的用法与 plot 函数基本一致，命令如下：

>> stem(n, x, 'filled')

>> title('x(n)')

>> xlabel('n')

得到的离散序列波形如图 10-1 所示。

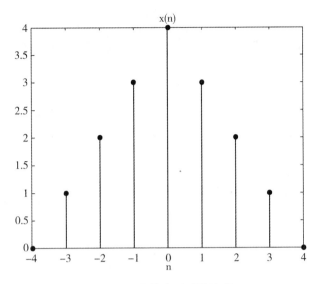

图 10-1　离散序列时域波形

1. 单位样值序列

在离散序列中，最基本、最简单的序列为单位样值序列 $\delta(n)$，其定义为

$$\delta(n) = \begin{cases} 1, & n = 0 \\ 0, & n \neq 0 \end{cases} \tag{10-2}$$

它在离散序列与系统分析中所起的作用完全类似于单位冲激信号 $\delta(t)$ 在连续时间系统分析中所起的作用。但是，它不是单位冲激信号的简单离散抽样，它在 $n = 0$ 时取值为 1，而非 ∞。下面根据单位样值序列的定义，编写单位样值序列的实用函数 dwyz。

```
function x = dwyz(n)
x = (n = = 0);
```

其中，输入参量 n 必须为整数或者整数向量。

【例 10-1】　利用 MATLAB 实现单位样值序列。

解： MATLAB 程序如下：

```
%ex1001. m
%利用 dwyz 函数求解单位样值序列
n = -4:4;
x = dwyz(n);
stem(n,x,'filled'),grid on
xlabel('n')
title('单位冲激序列')
```

运行结果如图 10-2 所示。

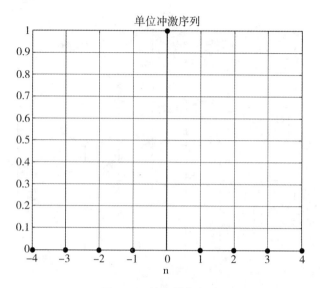

图 10-2 单位样值序列

2. 单位阶跃序列

单位阶跃序列用符号 $\varepsilon(n)$ 表示, 定义为

$$\varepsilon(n) = \begin{cases} 1, & n \geqslant 0 \\ 0, & n < 0 \end{cases} \tag{10-3}$$

$\varepsilon(n)$ 类似于连续信号 $\varepsilon(t)$, 但与单位阶跃信号不同的是, $\varepsilon(n)$ 在 $n = 0$ 时取确定值 1。下面根据单位阶跃序列的定义, 编写单位阶跃序列的实用函数 dwjy。

function x = dwjy(n)

x = (n>=0);

其中, 输入参量 n 必须为整数或者整数向量。

【例 10-2】 利用 MATLAB 实现单位阶跃序列。

解: MATLAB 程序如下:

```
%ex1002. m
%利用 dwjy 函数求解单位阶跃序列
n = -4 : 4;
x = dwjy(n);
stem(n, x, 'filled'), grid on
xlabel('n')
title('单位阶跃序列')
```

运行结果如图 10-3 所示。

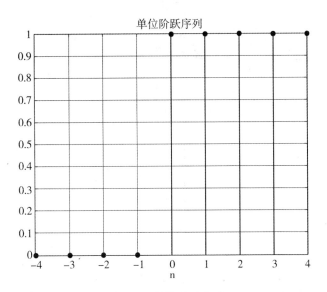

图 10-3　单位阶跃序列

3. 矩形序列

矩形序列用符号 $R_N(n)$ （N 为正整数）表示，其定义为

$$R_N(n) = \begin{cases} 1, & 0 \leq n \leq N-1 \\ 0, & \text{其他} \end{cases} \tag{10-4}$$

矩形序列类似于连续时间系统分析中的矩形脉冲函数，其中序列宽度为 N。由 $R_N(n)$ 和 $\varepsilon(n)$ 的定义可以证明，它们之间的关系为

$$R_N(n) = \varepsilon(n) - \varepsilon(n-N)$$

因此，矩形序列可由上述 dwjy 函数来实现。

【**例 10-3**】　利用 MATLAB 实现矩形序列 $R_3(n)$。

解：MATLAB 程序如下：

```
%ex1003.m
%利用 MATLAB 实现矩形序列
n=-1:4;
x=dwjy(n)-dwjy(n-3);
stem(n,x,'filled'),grid on
xlabel('n')
title('矩形序列')
```

运行结果如图 10-4 所示。

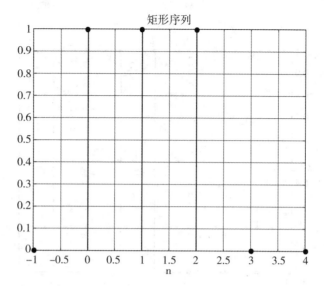

图 10-4　矩形序列 $R_3(n)$ 波形

4. 实指数序列

实指数序列 $x(n)$ 定义为

$$x(n) = Ca^n \quad (C、a \text{ 为实数}) \tag{10-5}$$

若 $a > 0$，$x(n)$ 均为正值且单调变化，有三种情况：①单调增长的正实数指数序列 $(a > 1)$；②常数序列 $(a = 1)$；③单调衰减的正实指数序列 $(0 < a < 1)$。它们分别对应着连续实指数信号的三种形式。若 $a < 0$，即 $a = -|a|$，$x(n)$ 按指数规律增长或者衰减的同时，其序列值还发生正负交替变化。这种振荡现象在连续时间实指数信号中是没有的。总之，当 $|a| > 1$ 时，$x(n)$ 随 n 的增加而按指数规律增加，为发散序列；当 $|a| < 1$ 时，$x(n)$ 随 n 的增加按指数规律衰减，为收敛序列；当 $|a| = 1$ 时，$x(n)$ 为常数序列。

【例 10-4】　利用 MATLAB 分别绘制实指数序列 $x_1 = 1 \cdot 2^n$，$x_2 = 2 \cdot 1^n$，$x_3 = 4 \cdot 0.6^n$，$x_4 = (-0.5)^n$，$x_5 = 3 \cdot (-1)^n$，$x_6 = 2 \cdot (-1.3)^n$。

解：MATLAB 程序如下：

```
%ex1004. m
%利用 MATLAB 绘制实指数序列
n = -10:10;
c1 = 1;c2 = 2;c3 = 4;c4 = 1;c5 = 3;c6 = 2;
a1 = 1.2;a2 = 1;a3 = 0.6;a4 = -0.5;a5 = -1;a6 = -1.3;
x1 = c1 * a1. ^n;x2 = c2 * a2. ^n;x3 = c3 * a3. ^n;
x4 = c4 * a4. ^n;x5 = c5 * a5. ^n;x6 = c6 * a6. ^n;
subplot(231)
stem(n,x1,'filled'),grid on
xlabel('n'),title('x1 = 1. 2^n')
```

```
subplot(232)
stem(n,x2,'filled'),grid on
xlabel('n'),title('x2=2 * 1^n')
subplot(233)
stem(n,x3,'filled'),grid on
xlabel('n'),title('x3=4 * 0. 6^n')
subplot(234)
stem(n,x4,'filled'),grid on
xlabel('n'),title('x4=(-0. 5)^n')
subplot(235)
stem(n,x5,'filled'),grid on
xlabel('n'),title('x5=3 * (-1)^n')
subplot(236)
stem(n,x6,'filled'),grid on
xlabel('n'),title('x6=2 * (-1. 3)^n')
```

运行结果如图 10-5 所示。

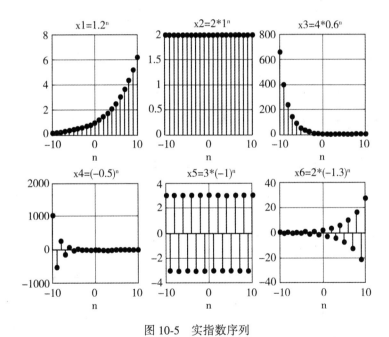

图 10-5　实指数序列

5. 正弦序列

其包络值按正弦规律变化的离散序列 $x(n)$ 称为正弦序列，定义为

$$x(n) = A\sin(\Omega_0 n + \varphi_0) \tag{10-6}$$

与连续时间正弦函数 $A\sin(\omega_0 n + \varphi_0)$ 一定是 t 的周期函数不同，正弦序列 $x(n) = A\sin(\Omega_0 n + \varphi_0)$ 并不一定是变量 n 的周期函数，其原因在于，n 只能取整数值，而在整数域内未必能找到一个 N，使得对于所有的 n 均满足周期序列的定义 $x(n + N) = x(n)$，按照周期 N 必须取整数的要求，分以下三种情况讨论：

（1）当 $\dfrac{2\pi}{\Omega_0}$ 为整数时，正弦序列的周期就是 N。

（2）当 $\dfrac{2\pi}{\Omega_0}$ 不是整数，而是一个有理数时，若 $\dfrac{2\pi}{\Omega_0} = \dfrac{P}{Q}$（$P$、$Q$ 为不可约正整数），则正弦序列是周期序列，其周期为 $N = Q\dfrac{2\pi}{\Omega_0}$。

（3）当 $\dfrac{2\pi}{\Omega_0}$ 是个无理数时，正弦序列不是周期序列。

【例 10-5】　利用 MATLAB 绘制正弦序列 $x(n) = 2\sin\left(\dfrac{n\pi}{6} + \dfrac{\pi}{3}\right)$。

解：MATLAB 程序如下：

```
%ex1005
%利用 MATLAB 绘制正弦序列
n=-14:10;
x=2*sin(pi/6*n+pi/3);
stem(n,x,'filled'),grid on
xlabel('n')
title('正弦序列')
```

运行结果如图 10-6 所示。

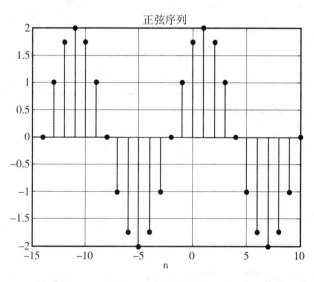

图 10-6　正弦序列

6. 虚指数序列

序列值是复数的序列称为复数序列，简称复序列。虚指数序列是常用的复序列，也是信号分析中最常用到的基本序列之一，其一般形式为

$$x(n) = \mathrm{e}^{\mathrm{j}\Omega_0 n} = \cos\Omega_0 n + \mathrm{j}\sin\Omega_0 n \tag{10-7}$$

由于 $\mathrm{e}^{\mathrm{j}\Omega_0 n}$ 的实部和虚部均为正弦序列，因此，$\mathrm{e}^{\mathrm{j}\Omega_0 n}$ 具有正弦序列的所有特点。而与正弦序列唯一不同的是，随 Ω_0 的值的变化，$\mathrm{e}^{\mathrm{j}\Omega_0 n}$ 也具有 2π 的周期性，但不按正弦规律变化。

虚指数序列和正弦序列在离散信号和系统的频域分析中有着非常重要的应用。

【例 10-6】　利用 MATLAB 绘制出虚指数序列 $x(n) = \mathrm{e}^{\mathrm{j}\frac{n\pi}{6}}$ 的实部、虚部、模和相角随时间变化的曲线，并分析其时域特性。

解：MATLAB 程序如下：

```
%ex1006
%利用 MATLAB 绘制虚指数序列
n = -20:20;
x = exp(i * pi * n/6);
subplot(221)
stem(n, real(x), 'filled'), grid on
xlabel('n'), title('实部')
subplot(222)
stem(n, imag(x), 'filled'), grid on
xlabel('n'), title('虚部')
subplot(223)
stem(n, abs(x), 'filled'), grid on
xlabel('n'), title('模')
subplot(224)
stem(n, angle(x), 'filled'), grid on
xlabel('n'), title('相角')
```

运行结果如图 10-7 所示。

由图 10-7 可以看出，虚指数序列的实部和虚部都是等幅振荡的正弦序列。

7. 复指数序列

与连续复指数信号对应的离散复指数序列概括了实指数序列、虚指数序列和正弦序列3 种序列，同时也是实指数序列和虚指数序列的一般形式，其定义为

$$x(n) = Ca^n \quad (C、a \text{ 为复数}) \tag{10-8}$$

若将式(10-7)中的复数 C 和 a 分别用极坐标形式表示为

$$C = |C|\mathrm{e}^{\mathrm{j}\varphi}, \ a = |a|\mathrm{e}^{\mathrm{j}\Omega_0} \tag{10-9}$$

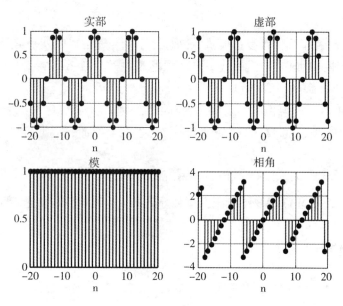

图 10-7 虚指数序列

则利用欧拉公式和式(10-9)将式(10-8)改写为

$$x(n) = |C| |a|^n [\cos(\Omega_0 n + \varphi) + j\sin(\Omega_0 n + \varphi)] \qquad (10\text{-}10)$$

由式(10-10)可知,当 $|a| = 1$ 时,其为一般的虚指数序列,实部和虚部均为正弦序列;当 $|a| < 1$ 时,其实部和虚部均为幅值按指数规律衰减的正弦序列;当 $|a| > 1$ 时,其实部和虚部均为幅值按指数规律增长的正弦序列。

【例 10-7】 利用 MATLAB 绘制出复指数序列 $x(n) = (0.6)^n e^{j\frac{n\pi}{8}}$ 的时域波形,并分析其时域特性。

解：MATLAB 程序如下：

```
%ex1007
%利用 MATLAB 绘制复指数序列
n=0:20;
x=(0.8 * exp(i * pi/8)).^n;
subplot(221)
stem(n,real(x),'filled'),grid on
xlabel('n'),title('实部')
subplot(222)
stem(n,imag(x),'filled'),grid on
xlabel('n'),title('虚部')
subplot(223)
stem(n,abs(x),'filled'),grid on
xlabel('n'),title('模')
```

subplot(224)

stem(n,angle(x),'filled'),grid on

xlabel('n'),title('相角')

运行结果如图 10-8 所示。

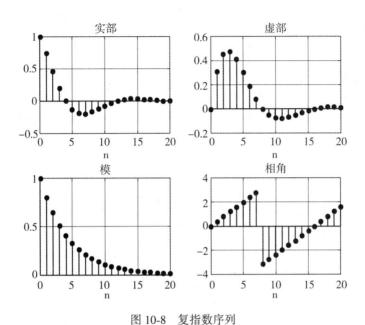

图 10-8　复指数序列

由图 10-8 可知，由于该复指数序列 $|a| < 1$，故其实部和虚部均为幅值按指数规律衰减的正弦序列，与理论分析结果完全一致。

习　题

1. 利用 MATLAB 绘制出下列离散序列的波形图。

（1）$x(n) = 3 \cdot 2^n$

（2）$x(n) = 1 + \cos\left(\dfrac{n\pi}{4} - \dfrac{\pi}{3}\right)$

（3）$x(n) = \cos\left(\dfrac{n\pi}{3}\right) + \cos(3n)$

（4）$x(n) = \left(-\dfrac{1}{3}\right)^n \varepsilon(n)$

2. 利用 MATLAB 绘制出下列复指数序列的实部、虚部、模和相角随时间变化的波形图。

（1）$x(n) = 2\mathrm{e}^{\left(\frac{2}{5} + \mathrm{j}\frac{\pi}{3}\right)n}$

（2）$x(n) = 1.3\mathrm{e}^{\mathrm{j}\frac{n\pi}{3}} + \mathrm{e}^{\mathrm{j}\frac{n\pi}{6}}$

实验二　序列的基本运算

一、实验目的

(1)掌握连续信号的基本运算;

(2)学会运用 MATLAB 中的函数对连续信号进行运算。

二、实验原理和实例分析

与连续时间系统分析类似，在离散时间系统的分析中，经常会遇到离散时间信号的运算，如序列的加、减、积、移位、反褶及倒相等，下面分别加以简要介绍。

1. 序列的和、差、积

两序列 $x_1(n)$ 与 $x_2(n)$ 的和、差、积是指它们同序号 (n) 的序列值逐项对应相加、减或者相乘而构成一个新序列 $x_3(n)$，表示为 $x_3(n) = x_1(n) \pm x_2(n)$ 或 $x_3(n) = x_1(n) \cdot x_2(n)$。

在 MATLAB 中序列加减法一般用运算符"+"、"-"或"*"实现，但是若 $x_1(n)$ 和 $x_2(n)$ 的位置向量的起点、终点不相同，或者虽然长度相等但采样位置不同，就不能使用"+"、"-"或"*"运算符。

【例 10-8】 已知离散序列 $x_1(n) = R_4(n)$、$x_2(n) = 0.8^n[\varepsilon(n) - \varepsilon(n-4)]$，求解并绘制下列信号的波形图。

(1) $x_3(n) = x_1(n) \cdot x_2(n)$；

(2) $x_4(n) = [x_1(n) + x_2(n)] \cdot [x_1(n) - x_2(n)]$。

解：MATLAB 程序如下：

```
%ex1008.m
%利用 MATLAB 求解序列的和差积
n=-1:5;
x1=dwjy(n)-dwjy(n-4);
x2=0.8.^n.*(dwjy(n)-dwjy(n-4));
x3=x1.*x2;
x4=(x1+x2).*(x1-x2);
subplot(221)
stem(n,x1,'filled'),grid on
xlabel('n'),title('x1(n)')
subplot(222)
stem(n,x2,'filled'),grid on
xlabel('n'),title('x2(n)')
subplot(223)
```

```
stem(n,x3,'filled'),grid on
xlabel('n'),title('x3(n)')
subplot(224)
stem(n,x4,'filled'),grid on
xlabel('n'),title('x4(n)')
```
运行结果如图 10-9 所示。

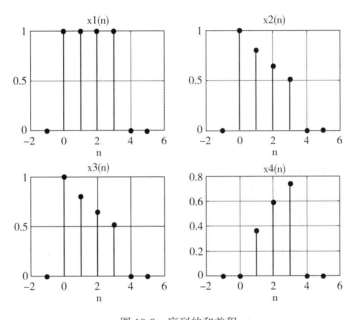

图 10-9　序列的和差积

2. 离散时间信号的反褶、移位及倒相

离散序列的反褶，是将序列 (n) 的自变量 n 替换为 $-n$，即将序列 $x(n)$ 以纵坐标为对称轴进行左右反转。离散序列的移位，是将序列 $x(n)$ 沿 n 轴正方向平移 n_0 个采样时间单位，得到 $x(n-n_0)$。离散序列的倒相，是将序列所有采样时刻的值取反，即将序列 $x(n)$ 变换为 $-x(n)$。下面将举例说明离散序列的基本运算。

【例 10-9】　已知矩形序列为 $x(n)=R_4(n)$，试用 MATLAB 绘制出满足下列要求的离散序列波形。

(1) $-x(-n)$；

(2) $x(n+3)$；

(3) $x(-n+2)$。

解：MATLAB 程序如下：

```
%ex1009.m
%利用 MATLAB 实现离散序列的基本运算
```

```
n = -15:15;
x = dwjy(n)-dwjy(n-4);
n1 = n; n2 = -n; n3 = n-3; n4 = 2-n;
subplot(221)
stem(n1,x,'filled'),grid on
xlabel('n'),title('x(n)')
axis([-5 5 -0.2 1.2])
subplot(222)
stem(n2,-x,'filled'),grid on
xlabel('n'),title('-x(-n)')
axis([-5 5 -1.2 0.2])
subplot(223)
stem(n3,x,'filled'),grid on
xlabel('n'),title('x(n+3)')
axis([-5 5 -0.2 1.2])
subplot(224)
stem(n4,x,'filled'),grid on
xlabel('n'),title('x(-n+2)')
axis([-5 5 -0.2 1.2])
```

运行结果如图 10-10 所示。

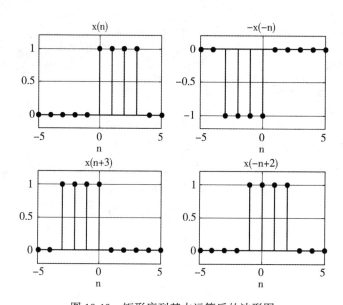

图 10-10 矩形序列基本运算后的波形图

习　　题

1. 已知离散序列 $x(n)$ 如图 10-11 所示，试用 MATLAB 绘制出满足下列要求的离散序列波形。

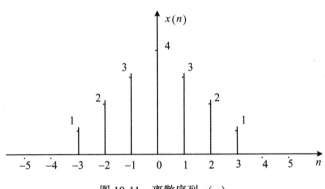

图 10-11　离散序列 $x(n)$

(1) $-x(-n-3)$

(2) $x(n+2)-x(n-1)$

(3) $x(n+3)x(n-3)$

(4) $x(n-2)[x(n-3)+x(n+1)]$

实验三　离散时间系统的时域分析

一、实验目的

(1)熟悉离散时间系统在典型信号下的响应及其特征；

(2)掌握运用 MATLAB 求解离散时间系统的单位样值响应；

(3)掌握计算离散时间系统的响应的卷积法和反卷积法。

二、实验原理和实例分析

1. 离散时间系统的响应

离散系统的输入输出关系通常用差分方程来描述，这种方程是由自变量 n 及其序列 $x(n)$、$y(n)$ 以及它们的移位序列 $x(n-m)$、$y(n-m)$（m 为任意正整数）等有限项组合而成的，一般可以表示为

$$\sum_{k=0}^{N} a_k y(n-k) = \sum_{r=0}^{M} b_r x(n-r), \quad a_N \neq 0 \tag{10-11}$$

式(10-11)是由序列 $x(n)$、$y(n)$ 及其移位序列线性组合而成的，即只含有因子 a_k 与 $y(n-k)$ 的倍乘，以及 b_r 与 $x(n-r)$ 的加法运算，而因子 a_k 或 b_r 均为与独立变量 n 无关的常系数，故式(10-11)称为线性常系数差分方程。

MATLAB 中提供了求解离散时间系统响应的函数 filter。该函数可求出由离散时间系统对指定时间范围内的输入序列产生的响应的数值解。filter 函数的调用格式如下：

y=filter(b, a, x)：其中，b 和 a 分别为描述系统的差分方程的右边和左边的系数向量，x 为输入系统的离散序列，y 为输出的离散序列。

【例 10-10】　某系统的差分方程为 $5y(n) + 3y(n-1) + 2y(n-2) = x(n) - 2x(n-1)$，其中激励函数 $x(n) = 2^n \varepsilon(n)$，试用 MATLAB 绘制出该系统的零状态响应。

解：MATLAB 程序如下：

```
%ex1010. m
%利用 MATLAB 绘制系统的零状态响应
a=[5 3 2];
b=[1 -2];
n=0:20;
x=(3/4).^n;
y=filter(b,a,x) ;
stem(n,y,'fill '),grid on
xlabel('n '),title('系统零状态响应')
```

运行结果如图 10-12 所示。

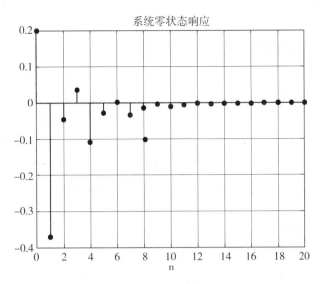

图 10-12　系统零状态响应

2. 离散系统的单位样值响应

线性离散系统对于单位样值序列 $\delta(n)$ 的零状态响应，称为单位样值响应。一般用 $h(n)$ 表示，其作用与连续系统中由 $\delta(n)$ 产生的单位冲激响应 $h(n)$ 相同，即利用它可以通过卷积和方便地求解线性移不变系统对任意输入的零状态响应。

MATLAB 中提供了用于求解离散时间系统单位样值响应的数值解，并绘制其波形的函数 impz。其调用格式如下：

impz(b，a)：其中，a 和 b 分别为系统差分方程左边和右边系数构成的行向量，以默认方式绘制出该离散系统的单位样值响应的时域波形。

impz(b，a，N)：其中，a 和 b 分别为系统差分方程左边和右边系数构成的行向量，N 为正整数，表示单位样值响应的样值个数。即绘制出由行向量 a 和 b 表示的离散系统在 0~N 个时间样点区间的单位样值响应的时域波形。

impz(b，a，N1，N2)：其中，a 和 b 分别为系统差分方程左边和右边系数构成的行向量，N1 和 N2 为正整数，表示指定时间的起始值和终止值。

【例 10-11】　已知某系统的差分方程为 $5y(n) + 3y(n-1) + 2y(n-2) = x(n) - 2x(n-1)$，试用 MATLAB 绘制出该系统的单位样值响应。

解：MATLAB 程序如下：

```
%ex1011. m
%利用 MATLAB 绘制出系统的单位样值响应
a=[5 3 2];
b=[1 -2];
N=0:30;
```

impz(b,a,N),grid on

xlabel('n'),title('单位样值响应')

运行结果如图 10-13 所示。

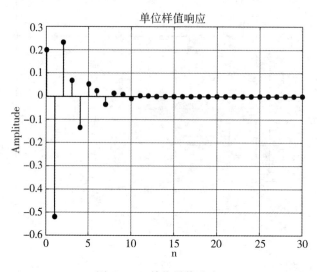

图 10-13　单位样值响应

3. 离散时间信号的卷积和与反卷积

在线性移不变系统，可以利用卷积积分求其零状态响应。类似地，在离散时间系统的分析中，卷积和也是一种求线性移不变系统零状态响应的十分重要的方法。

线性移不变系统在 $\delta(n)$ 的作用下的零状态响应，即单位样值响应。类似地，由系统的移不变性和齐次性可知，系统对 $x(m)\delta(n-m)$ 的零状态响应为 $x(m)h(n-m)$ ($m =$ 0，± 1，± 2，$\cdots$，$\pm \infty$)，根据系统的可加性，离散信号 $\sum\limits_{m=-\infty}^{\infty} x(m)\delta(n-m)$ 所产生的零状态响应为 $\sum\limits_{m=-\infty}^{\infty} x(m)h(n-m)$，即线性移不变系统对任意输入序列 $x(n)$ 的零状态响应 $y_{zs}(n)$ 为

$$y_{zs}(n) = \sum_{m=-\infty}^{\infty} x(m)h(n-m) \qquad (10-12)$$

MATLAB 中提供了用于求解两个离散时间序列卷积和的函数 conv。其调用格式如下：

y = conv(x, h)：其中，x 为表示输入序列 $x(n)$ 的行向量，h 为表示系统的单位样值响应的行向量，y 为输出的零状态响应。

若 $x(n)$、$h(n)$ 均为有限长序列，则有

$$x(n) = \begin{cases} x(n), & N_1 \leqslant n \leqslant N_2 \\ 0, & \text{其他} \end{cases}$$

$$h(n) = \begin{cases} h(n), & N_3 \leq n \leq N_4 \\ 0, & \text{其他} \end{cases}$$

由于 $x(m)$ 的非零值区间为 $N_1 \leq m \leq N_2$，其零点个数为 $L_x = N_2 - N_1 + 1$，而 $h(n-m)$，即 $h(n)$ 的非零值区间为 $N_3 \leq n - m \leq N_4$，非零点个数为 $L_h = N_4 - N_3 + 1$，将所得的两个不等式相加，可得卷积结果 $y_{zs}(n)$ 的零值范围为

$$N_1 + N_3 \leq n \leq N_2 + N_4 \tag{10-13}$$

在此区间外，$x(m)$ 与 $h(n-m)$ 一定至少有一个为零，故 $y_{zs}(n)$ 的非零点个数为

$$L_y = L_x + L_h - 1 \tag{10-14}$$

即线性卷积的长度等于参与卷积的两序列的长度之和减 1。

【例 10-12】　已知某系统的单位样值响应为 $h(n) = \left(\dfrac{1}{2}\right)^n [\varepsilon(n) - \varepsilon(n-10)]$，输入信号 $x(n) = \varepsilon(n) - \varepsilon(n-5)$，试求它的零状态响应 $y_{zs}(n)$。

解：MATLAB 程序如下：

```
%ex1012. m
%利用卷积和求系统的零状态响应
n1 = 0:10;              %x(n)向量的长度
n2 = 0:5;               %h(n)向量的长度
h = (1/2).^n1. * (dwjy(n1)-dwjy(n1-10));
x = dwjy(n2)-dwjy(n2-5);
y = conv(x,h);
ny1 = n1(1)+n2(1);      %两序列卷积和非零样值的起始位置
l = length(n1)+length(n2)-2;
n = ny1:(ny1+l);
subplot(221)
stem(n1,h,'filled'),grid on
xlabel('n'),title('h(n)')
subplot(222)
stem(n2,x,'filled'),grid on
xlabel('n'),title('x(n)')
subplot(212)
stem(n,y,'filled'),grid on
xlabel('n'),title('y(n)=h(n)*x(n)')
```

运行结果如图 10-14 所示。

对于线性移不变系统来说，卷积和是在已知输入信号 $x(n)$ 和单位样值响应 $h(n)$ 的情况下计算其零状态响应 $y(n)$ 的过程，即式（10-11）。

但是，很多信号处理的实际问题中要对式（10-11）做逆运算，即已知 $x(n)$ 和 $y(n)$ 求解 $h(n)$，或已知 $y(n)$ 与 $h(n)$ 求解 $x(n)$。这两类运算统称为反卷积或解卷积。

MATLAB 为用户提供了用于实现解卷积的函数 deconv。其调用格式如下：

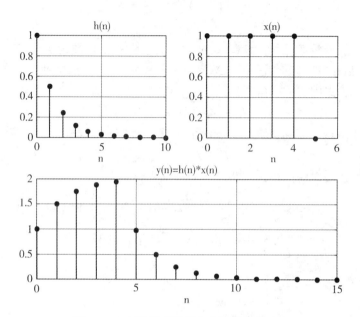

图 10-14 离散序列卷积和求解零状态响应

[q, r] = deconv(b, a)：其中，向量 b 为行向量 a 与 q 的卷积和再加上余量 r，解卷积就是根据 b 和 a 解出 q 和 r。

【例 10-13】 已知某线性移不变系统的输入和输出分别为 $x(n) = R_4(n)$ 和 $y(n) = 0.8^n[\varepsilon(n) - \varepsilon(n-5)]$，试求系统的单位冲激响应。

解：MATLAB 程序如下：

```
%ex1013. m
%利用反卷积求系统单位冲激响应
n1 = 0:4;
n2 = 0:9;
x = dwjy(n1)-dwjy(n1-4);
y = 0.9.^n2.*(dwjy(n2)-dwjy(n2-9));
[h,r] = deconv(y,x);
nh1 = n2(1)-n1(1);
n = nh1:(nh1+length(n2)-length(n1));
subplot(311)
stem(n1,x,'filled'),grid on
axis([-1 5 -0.1 1.1])
xlabel('n'),title('x(n)')
subplot(312)
stem(n2,y,'filled'),grid on
axis([-1 10 -0.1 1.1])
```

```
xlabel('n'),title('y(n)')
subplot(313)
stem(n,h,'filled'),grid on
axis([-1 5 -0.1 1.1])
xlabel('n'),title('h(n)')
```
运行结果如图 10-15 所示。

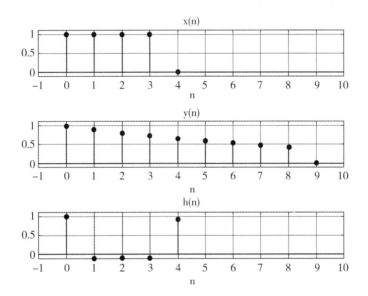

图 10-15　离散序列反卷积和求解单位冲激响应

习　题

1. 已知描述系统的差分方程与激励函数分别如下:

（1）$4y(n) + y(n-1) - 3y(n-2) = x(n)$，$x(n) = \cos\dfrac{n\pi}{6}\varepsilon(n)$

（2）$y(n) + \dfrac{1}{3}y(n-1) - \dfrac{1}{2}y(n-2) = x(n) + 3x(n-1)$，$x(n) = \left(\dfrac{1}{4}\right)^n \varepsilon(n)$

试用 MATLAB 求出上述系统在激励下在 0～30 采样点范围内的零状态响应 $y(n)$ 的序列样值。

2. 试用 MATLAB 求出下列系统的单位样值响应，并绘制出序列波形。

（1）$3y(n) + y(n-1) - \dfrac{1}{2}y(n-2) = x(n) + 5x(n-1)$

（2）$10y(n) + 6y(n-1) - 3y(n-2) = 3x(n) + x(n-1)$

3. 已知系统的单位样值响应为 $h(n) = \left(\dfrac{1}{3}\right)^n [\varepsilon(n) - \varepsilon(n-8)]$，分别对系统加以下输入序列，试用 MATLAB 求系统的零状态响应。

（1）$h(n) = R_5(n)$

（2）$h(n) = \left(\dfrac{1}{4}\right)^n [\varepsilon(n) - \varepsilon(n-3)]$

（3）$h(n) = \cos\dfrac{n\pi}{3}[\varepsilon(n) - \varepsilon(n-6)]$

第11章　离散傅里叶变换

实验一　周期序列离散时间傅里叶级数

一、实验目的

(1)掌握运用 MATLAB 对周期序列进行傅里叶级数展开的方法;

(2)掌握运用 MATLAB 分析离散傅里叶级数的性质的方法。

二、实验原理和实例分析

1. 离散时间傅里叶级数

在连续时间信号的傅里叶级数分析中，周期信号 $x(t)$ 可以展开为直流、基波以及无穷多个谐波，即 $e^{jk\omega_0 t}(k = 0, \pm 1, \pm 2, \cdots)$ 构成的级数。与此相应，在离散时间信号的傅里叶级数分析中，一个周期为 N 的周期序列 $x_N(n)$ 可以表示为

$$x_N(n) = \frac{1}{N}\sum_{k = \langle N \rangle} X_N(k) e^{jk\frac{2\pi}{N}n} \tag{11-1}$$

式(11-1)就是周期序列 $x_N(n)$ 的 DFS 展开式，与连续时间傅里叶级数的情况相同，$X_N(n)$ 称为 DFS 系数，也称为 $x_N(n)$ 的频谱系数，它通常是一个关于 k 的复函数。由于 $e^{jk\frac{2\pi}{N}n}$ 随 k 也呈周期变化，周期为 N，所以式(11-1)中的求和限 $k = \langle N \rangle$ 表示在任何周期 N 内对 k 求和，即只需从某一个整数开始，连续取够 N 个整数值，因此，对式(11-1)右端在任一周期 N 内对 k 求和所得结果都是相同的。显然，与连续时间傅里叶级数为无限项级数不同，DFS 为有限项级数。任何周期为 N 的周期序列 $x_N(n)$ 都可以分解为 N 项独立的虚指数序列 $\{e^{jk\frac{2\pi}{N}n}, k = \langle N \rangle\}$ 的线性组合。

傅里叶级数系数定义为

$$X_N(k) = \sum_{n = \langle N \rangle} x_N(n) e^{-jk\frac{2\pi}{N}n} \tag{11-2}$$

为了表达方便，通常利用复数量 W_N 来表达这两个式子。W_N 定义为

$$W_N = e^{-j\frac{2\pi}{N}}$$

则式(11-1)和式(11-2)可以表示为

$$X_N(k) = \mathrm{DFS}[x_N(n)] = \sum_{n=\langle N \rangle} x_N(n) W_N^{nk}$$

$$x_N(k) = \mathrm{IDFS}[X_N(k)] = \frac{1}{N} \sum_{n=\langle N \rangle} X_N(k) W_N^{-nk}$$

其中，DFS 表示离散傅里叶级数的正变换，IDFS 表示离散傅里叶级数的反变换，它们分别为综合分式和分析分式，对于周期序列所起的作用与连续时间傅里叶级数的一对公式对于连续周期信号所起的作用完全相同。

下面根据离散傅里叶级数的定义，编写离散傅里叶级数正变换与反变换的实用函数 dfs 和 idfs 分别如下：

```
function [Xk] = dfs(xn, N)
n = [0：N-1]；
k = n；
WN = exp(-j * 2 * pi/N)；
nk = n' * k；
Xk = xn * WN.^nk；
function [xn] = idfs(Xk, N)
n = [0：N-1]；
k = n；
WN = exp(-j * 2 * pi/N)；
nk = n' * k；
xn = (Xk * WN.^(-nk))/N；
```

【例 11-1】　已知周期序列

$$x(n) = \begin{cases} 5, & 2 \leqslant n \leqslant 6 \\ 0, & n = 0,\ 1,\ 7,\ 8,\ 9 \end{cases}$$

周期为 $N = 10$，试求 $X_N(k) = \mathrm{DFS}[x(n)]$。

解：MATLAB 程序如下：

```
%ex1101.m
%利用 MATLAB 求离散序列的傅里叶级数
xn = [0 0 5 5 5 5 5 0 0 0]；n = 0:9；
N = 10；
[Xk] = dfs(xn,N)
stem(n,abs(Xk))
```

运行程序如图 11-1 所示。

2. 离散傅里叶级数性质

DFS 的系数 $X_N(k)$ 有与连续傅里叶级数 X_n 相似的性质。

（1）线性。周期序列的傅里叶变换的线性特性：若 $\mathrm{DFS}[x_{Ni}(n)] = X_{Ni}(k)$，则

$$\mathrm{DFS}\Big[\sum_{i=1}^{n} a_i x_{Ni}(t)\Big] = \sum_{i=1}^{n} a_i X_{Ni}(k) \tag{11-3}$$

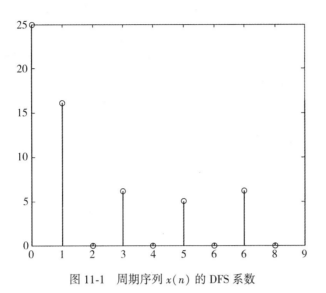

图 11-1　周期序列 $x(n)$ 的 DFS 系数

其中，a_i 为常数，n 为正整数。

【例 11-2】　已知 $x_1(n) = \cos\left(\dfrac{\pi}{3}n\right)$，$x_2(n)$ 如图 11-2 所示，$x_3(n) = 2x_1(n) + 3x_2(n)$，试利用傅里叶级数的线性性质求解 $x_3(n)$ 的傅里叶级数。

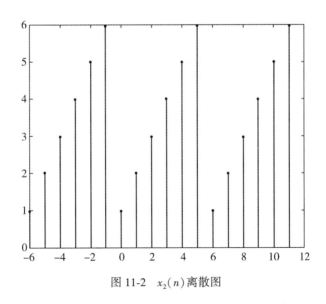

图 11-2　$x_2(n)$ 离散图

　　解：由傅里叶级数的线性性质可得：
$$X_3(k) = \mathrm{DFS}\big[2x_1(n) + 3x_2(n)\big] = 2X_1(k) + 3X_2(k)$$
则 MATLAB 程序如下：

```
%ex1102. m
%利用傅里叶级数的线性性质求傅里叶级数
n=0:5;N=6;
x1=cos(pi*n/3);
x2=n+1;
[X1]=dfs(x1,N);
[X2]=dfs(x2,N);
X3=2*X1+3*X2;
stem(n,abs(X3)),grid on
```
运行结果如图 11-3 所示。

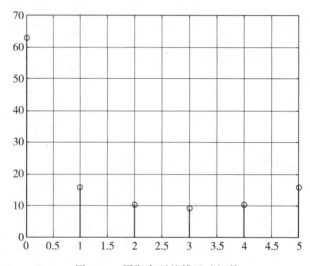

图 11-3　周期序列的傅里叶级数

（2）时移特性。周期序列的时移特性为，若 $X(k) = \text{DFS}[x(n)]$，则

$$\text{DFS}[x(n-m)] = W_N^{mk} X(k) = e^{-j\frac{2\pi}{N}mk} X(k) \tag{11-3}$$

其中，如果 $m > N$，则 $m = m_1 + Nm_2$。

【例 11-3】　已知 $x_1(n) = \sin\left(\dfrac{\pi}{4}n\right)$，$x_1(n) = \sin\left[\dfrac{\pi}{4}(n-1)\right]$，试用 MATLAB 验证傅里叶级数的时移特性。

解：MATLAB 程序如下：
```
%ex1103. m
%利用 MATLAB 验证傅里叶级数的时移特性
n=0:5;N=6;
x1=sin(pi*n/3);
[X1]=dfs(x1,N)
```

x2 = sin(pi * (n−1)/3) ;

[X2] = dfs(x2,N)

k = n;

X3 = X1. * exp(−j * 2 * pi * 1 * k/N)

运行结果如下:

X1 =

   0. 0000 + 0. 0000i   0. 0000 − 3. 0000i   0. 0000 + 0. 0000i

   0. 0000 + 0. 0000i   0. 0000 + 0. 0000i   −0. 0000 + 3. 0000i

X2 =

   0. 0000 + 0. 0000i   −2. 5981 − 1. 5000i   0. 0000 + 0. 0000i

   0. 0000 + 0. 0000i   −0. 0000 + 0. 0000i   −2. 5981 + 1. 5000i

X3 =

   0. 0000 + 0. 0000i   −2. 5981 − 1. 5000i   0. 0000 − 0. 0000i

   −0. 0000 − 0. 0000i   −0. 0000 − 0. 0000i   −2. 5981 + 1. 5000i

观察运行结果,可以发现 $X_2(k) = X_3(k)$,直观地反映了傅里叶级数的时移特性。

习　题

1. 试用 MATLAB 求周期序列 $x(n) = \sin\dfrac{\pi n}{2} + \cos\dfrac{\pi n}{3}$ 的傅里叶级数。

2. 设 $x_1(n) = R_3(n)$,$x_2(n) = \displaystyle\sum_{r=-\infty}^{\infty} x(n+7r)$,求 $X_2(k)$,并画图表示 $x_2(n)$、$X_2(k)$。

实验二　离散傅里叶变换

一、实验目的

(1)掌握运用 MATLAB 实现离散傅里叶变换与反变换的方法；
(2)了解离散傅里叶变换的圆周移位。

二、实验原理和实例分析

1. 非周期序列的离散傅里叶变换

离散的傅里叶变换与连续的傅里叶变换类似，同样是建立在以时间为自变量的"信号"和与频率为自变量的"频率函数"之间的某种变换关系。

离散序列的傅里叶变换定义为

$$X(k) = \mathrm{DFT}[x(n)] = \sum_{n=0}^{N-1} x(n) W_N, \quad k = 0,\ 1,\ \cdots,\ N-1 \tag{11-4}$$

傅里叶反变换定义为

$$x(n) = \mathrm{IDFT}[X(k)] = \frac{1}{N} \sum_{n=0}^{N-1} X(k) W_N^{-nk}, \quad n = 0,\ 1,\ \cdots,\ N-1 \tag{11-5}$$

【例 11-4】　试用 MATLAB 求序列 $x(n) = [7,\ 6,\ 5,\ 4,\ 3,\ 2,\ 1]$ 的傅里叶变换。
解：MATLAB 程序如下：

```
%ex1104. m
%利用 MATLA 求序列的傅里叶变换
x=[7 6 5 4 3 2 1];
N=7;n=0:6;k=n;
X=x*exp(-j*2*pi/N).^(n'*k);
stem(n,abs(X)),grid on
```

运行结果如图 11-4 所示。

2. 离散傅里叶变换的性质

DFT 在形式上是对 N 点有限长序列的时域和频域变换关系。但是，它蕴含着先把 N 点的信号做周期延拓，然后进行 DFS 变换，最后从 DFS 变换中提取主值周期。这一点对透彻理解 DFT 的性质十分关键，DFT 的性质是离散傅里叶变换在数字信号处理中运用的理论基础。

1)离散傅里叶变换的圆周移位特性

所谓圆周移位，是指对长度为 N 的有限长序列 $x(n)$，以 N 为周期进行周期延拓生成周期序列 $x_N(n)$，再将 $x_N(n)$ 移位后取其主值区间 $(0 \leqslant n \leqslant N-1)$ 上的序列值，即圆周移位有"三部曲"：周期延拓、移位、取主值序列。因此，若将一个 N 点有限长序列 $x(n)$

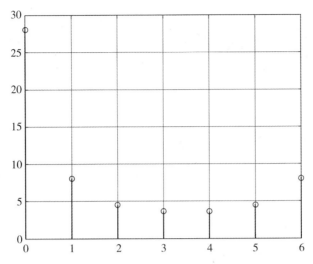

图 11-4　离散序列的傅里叶变换

经 n_0 点圆周移位后的序列记为 $x_{n_0}(n)$，则其定义为

$$x_{n_0}(n) = x[\langle n - n_0 \rangle_N] R_N(n) \tag{11-6}$$

$x[\langle n - n_0 \rangle_N] R_N(n)$ 是 $x(n)$ 经周期延拓再移位后的周期序列的主值序列，因而 $x_{n_0}(n)$ 仍然是一个 N 点的有限长序列。

由圆周移位的概念可得到以下两个特性：

时域圆周移位(简称圆周时移)特性：若 $\text{DFT}[x(n)] = X(k)$，则

$$\text{DFT}\{x[\langle n - n_0 \rangle_N R_N(n)]\} = W_N^{n_0 k} X(k) \tag{11-7}$$

频域圆周移位(简称频域时移)特性：若 $\text{DFT}[x(n)] = X(k)$，则

$$\text{DFT}\{x(n) W_N^{-k_0 n}\} = X[\langle k - k_0 \rangle_N] R_N(k) = X_N(k - k_0) R_N(k) \tag{11-8}$$

【例 11-5】　已知有限长序列 $x(n) = \{3, -1, 2, 4, 3, -2, 0, 1, -4\}$，设 $x(n)$ 右移三位可得 $x_1(n)$。试分别利用圆周移位的定义和圆周时移特性求出并绘制 $x_1(n)$ 的 N 点 DFT $X_1(k)$ 和 $X_2(k)$，并将 $X_1(k)$ 和 $X_2(k)$ 进行比较。

解：MATLAB 程序如下：

```
%ex1105.m
%利用 MATLAB 实现序列的圆周移位
x=[3 -1 2 4 3 -2 0 1 -4];
N=length(x);
nx=0:N-1;
n=-N:2*N-1;
x0=x(mod(n,N)+1);
nx1=n+3;
x1=x0;
```

```
xn = [ ] ;
for i = 1 : length( nx1)
    if( nx1( i) >=0)&( nx1( i) <=N-1)
        xn = [ xn x1( i) ] ;
    end
end
k = nx ;
X1 = xn * exp( -j * 2 * pi/N) .^( nx ' * k) ;
X = xn * exp( -j * 2 * pi/N) .^( nx ' * k) ;
X2 = X. * exp( -j * 2 * pi/N) .^( 3 * k) ;
subplot( 221)
stem( nx, x) , grid on
title( 'x( n)')
subplot( 222)
stem( nx, xn) , grid on
title( 'x1( n)')
subplot( 223)
stem( k, abs( X1) ) , grid on
title( 'X1( k)')
subplot( 224)
stem( k, abs( X2) ) , grid on
title( 'X2( k)')
```

运行结果如图 11-5 所示。

从图 11-5 可以看出，圆周移位的定义和圆周时移特性得出的 $x_1(n)$ 的 N 点 DFT$X_1(k)$ 和 $X_2(k)$ 是相同的，这说明圆周时移特性是成立的。

2)圆周卷积(循环卷积)特性

在卷积运算中，两个具有相同周期的序列(比如说 N 的周期序列 $x_N(n)$ 和 $h_N(n)$)的卷积是十分有用的，这种卷积称为周期卷积，其定义为

$$y_N(n) = x_N(n) * h_N(n) = \sum_{m=\langle N \rangle} x_N(m) h_N(n-m) \tag{11-9}$$

而设 $x(n)$ 和 $h(n)$ 均为长度为 N 且定义在区间 $[0, N-1]$ 上的两个有限长序列，则它们的 N 点圆周卷积和定义为

$$y_c(n) = x(n) \Ⓝ\ h(n) = h(n) \Ⓝ\ x(n)$$
$$= \left\{ \sum_{m=0}^{N-1} x(m) h[\langle m-m \rangle_N] \right\} R_N$$
$$= \left\{ \sum_{m=0}^{N-1} h(m) x[\langle m-m \rangle_N] \right\} R_N \tag{11-10}$$

式(11-10)中，符号Ⓝ表示 N 点圆周卷积和。两个长度均为 N 的有限长序列 $x(n)$ 和 $h(n)$ 的圆周卷积实质上是先将它们延拓成周期为 N 的序列 $x_N(n)$ 和 $h_N(n)$ ，再对它们求

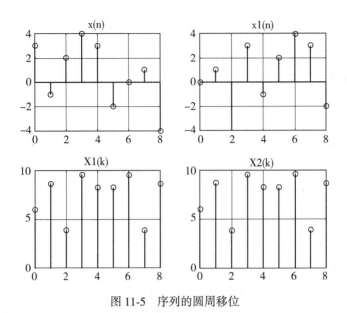

图 11-5　序列的圆周移位

周期卷积 $x_N(n) * h_N(n)$，最后对周期卷积的结果取主值，即圆周卷积是周期卷积在主值区间 $[0, N-1]$ 上的值，即为

$$y_c(n) = y_N(n) R_N(n) \tag{11-11}$$

习　题

1. 求下列序列 N 点的 DFT。

（1）$x_1(n) = \varepsilon(n) - \varepsilon(n - n_0)$，$0 < n_0 < N$

（2）$x_2(n) = 4 + \cos^2\left(\dfrac{2\pi}{N}n\right)$，$n = 0, 1, \cdots, N - 1$

（3）$x_3(n) = \delta(n - n_0)$，$0 < n_0 < N$

实验三　快速傅里叶变换

一、实验目的

运用 MATLAB 实现快速傅里叶变换。

二、实验原理和实例分析

1. 快速傅里叶变换的频谱分析

离散傅里叶变换是数字信号处理中一种有着众多重要应用的变换方法。然而，在相当长的时间里，由于这种变换的计算量太大，即使使用计算机也难以对问题进行实时处理，因而并没有得到真正意义上的应用。直到 1965 年，美国人库利和图基提出了离散傅里叶变换的一种快速算法，之后又有了桑德和图基的快速算法相继出现，后来人们对这些算法不断改进、完善和发展，形成了一套高速有效的运算方法，这就是离散傅里叶变换的快速算法，统称为快速傅里叶变换(FFT)，从而使得离散傅里叶变换得到了广泛的实际应用。

MATLAB 为计算数据的离散快速傅里叶变换提供了一系列丰富的数学函数，主要有 fft，ifft，fft2，ifft2 等。当处理的数据的长度为 2 的 n 次幂时，采用基-2 算法进行计算，可以大大提高计算速度。其调用格式如下：

Y＝fft(X，N)：其中，N 是进行离散傅里叶变换的 X 的数据长度，可以通过对 X 进行补零或截取来实现。

X＝ifft(Y，N)：其中，N 是进行离散傅里叶逆变换的 Y 的数据长度，可以通过对 Y 进行补零或截取来实现。

Y＝fft2(X)：当 X 是一维向量时，则对 X 求一维傅里叶变换 fft；当 X 为矩阵时，则对 X 求二维快速傅里叶变换，即先对 X 的列作一维傅里叶变换，然后对变换结果的行作一维傅里叶变换。

下面将通过例题来具体介绍快速傅里叶变换函数的使用方法。

【例 11-6】　已知一个 16 点的时域非周期 $\delta(n-n_0)$ 信号和阶跃信号 $u(n-n_0)$，$n_0＝4$，用 $N＝64$ 点进行 FFT 变换，作其时域信号图及信号频谱图。

解：MATLAB 程序如下：

```
%ex1107. m
%利用 MATLAB 实现信号的快速傅里叶变换
n0＝4;ns＝0;ne＝15;N＝64;
n＝ns:ne;
W1＝[(n-n0)＝＝0];
```

```
W2 = [(n-n0) >= 0];
i = 0 : N-1;
y1 = fft(W1,N);
A1 = abs(y1);
y2 = fft(W2,N);
A2 = abs(y2);
subplot(221)
stem(n,W1),grid on
subplot(222)
stem(n,W2),grid on
subplot(223)
plot(i,A1),grid on
subplot(224)
plot(i,A2),grid on
```

运行结果如图 11-6 所示。

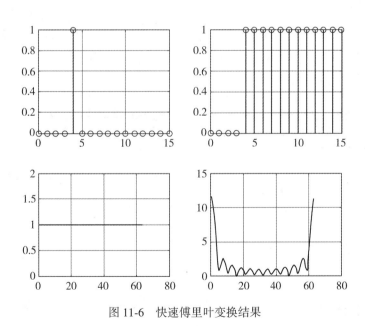

图 11-6　快速傅里叶变换结果

2. 利用 DFT 近似分析连续时间信号频谱时出现的问题

利用离散傅里叶变换对实际工程中所见的连续信号进行频谱分析时，需要做近似处理，包括对时域信号进行离散化(抽样)和有限化(截取)，以及对频谱信号进行离散化(抽样)处理，因而其结果必然存在着一定的误差，同时会带来频域混叠、频谱泄漏和栅栏效应的问题。

1）频域混叠

序列的频谱是被采样信号的频谱的周期延拓，当采样率不满足奈奎斯特定理时，就会发生频谱混叠，使得采样后的信号序列频谱不能真实反映原信号的频谱。

解决连续时间信号的频谱混叠主要有两种方法：对于带限连续信号，只需要提高抽样频率使之满足时域抽样定理即可；对于非带限连续信号，一般采用预滤波法，即可根据实际情况在对信号进行时域抽样前，先对其进行低通滤波，以滤除其不突出的高频成分(近似处理)，使其成为带限信号。

2）频谱泄漏

在实际信号处理过程中，我们对序列进行加矩形窗进行截断处理时，截断后的序列的频谱一定会有别于原信号的频谱，即产生失真，造成频谱向两旁展宽、扩散，这就是所谓的频谱泄漏，泄漏使得频谱变模糊，谱的分辨率降低。

减小泄漏的方法主要有两种：加大矩形窗的宽度，采用幅度逐渐减小的非矩形窗。

3）栅栏效应

由于离散傅里叶变换只是对有限长序列的频谱在有限个离散点处进行等间隔抽样所得到的样本值，因而这些抽样频率点之间的频谱情况是未知的，这就如同透过一个栅栏去观察原信号的频谱，所能看到的只是栅栏缝内的那部分，而无法看到被栅栏遮挡住的部分，这种现象通常被形象地称为"栅栏效应"。

【例 11-7】 利用 MATLAB 观察序列 $x_n = \cos \dfrac{n\pi}{20}$ 的频谱泄漏现象。

解：MATLAB 程序如下：

```
%ex1108. m
%利用 MATLAB 观察频谱泄漏现象
n=[0:1:149];
xn=cos(n*pi/20);
Xk=fft(xn);
kx=[0:1:length(Xk)-1];
subplot(2,1,1);
stem(n,xn);
title('Ê±ÓòÐÅºÅ');
subplot(2,1,2);
stem(kx,abs(Xk));
title('ÆµÓòÐÅºÅ');
```

运行结果如图 11-7 所示。

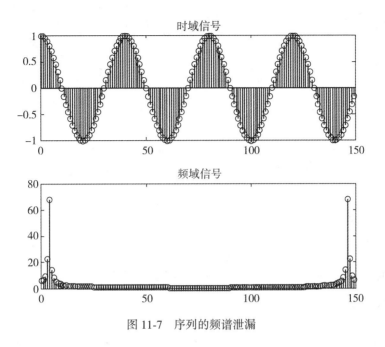

图 11-7　序列的频谱泄漏

习　　题

1. 已知 $x(n)$ 为长度 $N = 5$ 的矩形序列，试用 MATLAB 分析当 FFT 分别取 8，32，64 时 $x(n)$ 的频谱变化。

第12章 z 变 换

实验一 z 变换的 MATLAB 实现

一、实验目的

(1)了解序列的 z 变换与 z 反变换;

(2)掌握运用 MATLAB 实现序列的 z 变换和 z 反变换的方法。

二、实验原理和实例分析

1. z 变换

定义在区间 $-\infty < t < \infty$ 上的任意有界连续信号 $x(t)$($|x(t)| < \infty$)经过单位冲激周期信号 $\delta_T(t) = \sum\limits_{n=-\infty}^{\infty} \delta(t - nT)$ 抽样后,所得到的信号可以表示为

$$x_s(t) = x(t)\delta_T(t) = x(nT)\sum_{n=-\infty}^{\infty}\delta(t - nT) \tag{12-1}$$

式(12-1)中,T 为抽样间隔,对式(12-1)求双边拉氏变换,并利用冲激函数的性质可得

$$X_s = \sum_{n=-\infty}^{\infty} x(nT)e^{-snT} \tag{12-2}$$

式(12-2)中,e^{-snT} 并不是复变量 s 的代数式,故引入一个新的复变量 z,即令

$$\begin{cases} z = e^{sT} \\ s = \dfrac{1}{T}\ln z \end{cases} \tag{12-3}$$

这样,式(12-3)可变为与变量 $s = 0$ 有关的函数,即有

$$X_s(s)\big|_{s=\frac{1}{T}\ln z} = \sum_{n=-\infty}^{\infty} x(nT)z^{-n} = X(z) \tag{12-4}$$

于是得到一个以 z 为变量的代数式,即序列 $x(nT)$ 的 z 变换 $X(z)$,其本质上是序列 $x(nT)$ 的拉氏变换。若令 $T = 1$,即有 $x(n) = x(t)\big|_{t=nT} = x(nT)$,则由式(12-4)可得

$$X(z) = Z[x(n)] = \sum_{n=-\infty}^{\infty} x(n)z^{-n}, \ z \in R_x \tag{12-5}$$

式(12-5)中，符号 $Z[x(n)]$ 表示对任意有界序列 $x(n)(\,|x(n)|<\infty\,)$ 进行 z 变换，求和变量 n 为 $-\infty\sim\infty$，表明这种 z 变换是针对一切 n 值都有定义的一般有界序列 $x(n)(\,n=0,\,\pm1,\,\pm2,\,\cdots\,)$ 而给出的，故称为序列 $x(n)$ 的双边 z 变换。R_x 是使和存在的 z 的取值范围，称为 $X(z)$ 的收敛域。

单边 z 变换也是对任意有界序列 $x(n)(\,-\infty<n<\infty\,)$ 定义的，这时，可以假定 $x(t)$ 为一个连续因果信号，将上面推导中的单位冲激周期信号 $\delta_T(t)$ 表示式内的求和下限改为 0，对所得抽样信号 $x_s(t)$ 进行单边拉氏变换，并在变换结果中令 $z=e^{sT}$，$T=1$，便可得到单边 z 变换的定义

$$X(z)=Z[x(n)]=\sum_{n=0}^{\infty}x(n)z^{-n},\ z\in R_x \tag{12-6}$$

在 z 变换的推导过程中，曾将抽样周期 T 归一化为 1，也就是将抽样频率 ω 归一化为 2π，于是得到 $x(n)=x(nT)$。这表明，若将离散序列视为是对连续信号进行抽样的结果，则可以认为抽样周期等于 1，抽样频率等于 2π。认识这一点，有助于理解离散序列的频率特性。此外，还设定 $z=e^{sT}$ 或 $s=\dfrac{1}{T}\ln z$，由此将离散序列与连续信号在变换域中联系了起来，更明确地说，就是在拉氏变换中的 s 平面与 z 变换中的 z 平面之间建立了一种映射关系，借此可以解释许多离散信号、系统与连续信号、系统之间相同的特性。

MATLAB 提供了 ztrans 函数来实现离散序列的单边 z 变换，其调用格式如下：

Z = ztrans(X)：其中，输入参量 X 为离散序列 $x(n)$ 的符号表达式，输出参量 Z 为默认自变量为 n 的关于 X 的 z 变换符号表达式。

Z = ztrans(X, w)：其中，输入参量 X 为离散序列 $x(n)$ 的符号表达式，输入参量 Z 为符号自变量为 w 的关于 X 的 z 变换的符号表达式。

【例 12-1】 试用 MATLAB 求出下列函数的 z 变换。

(1) $\left(\dfrac{1}{2}\right)^n$ (2) $\sin(n\pi)$ (3) $\dfrac{n(n-1)}{3}$

解：MATLAB 程序如下：
```
%ex1201a.m
%利用 ztrans 函数求 z 变换
syms n
x1=(1/2)^n;
X1=ztrans(x1)
x2=sin((n*pi)/2);
X2=ztrans(x2)
x3=(n*(n-1))/3;
X3=ztrans(x3)
```
运行结果为
```
X1 =
z/(z - 1/2)
```

X2 =

z/(z^2 + 1)

X3 =

(z * (z + 1))/(3 * (z − 1)^3) − z/(3 * (z − 1)^2)

若用户需要将函数返回的 z 变量的自变量定义为其他变量，则需要使用 Z = ztrans(X,w)命令来实现。例如，对例 9-1 中函数进行 z 变换并返回自变量为 w 的函数的程序如下：

```
%ex1201b. m
%利用 ztrans 函数求 z 变换且返回值自变量为 w
syms n w
x1 = (1/2)^n;
X1 = ztrans(x1,w)
x2 = sin((n * pi)/2);
X2 = ztrans(x2,w)
x3 = (n * (n−1))/3;
X3 = ztrans(x3,w)
```

运行结果为

X1 =

w/(w − 1/2)

X2 =

w/(w^2 + 1)

X3 =

(w * (w + 1))/(3 * (w − 1)^3) − w/(3 * (w − 1)^2)

2. 运用 MATLAB 符号运算求 z 反变换

MATLAB 符号工具箱提供了求解 z 反变换的函数 iztrans()。它的调用格式和用法分别如下：

x = ilaplace(Z)：对默认参量为 z 的符号表达式 $X(z)$ 求 z 反变换，返回得到默认符号自变量为 n 的关于 Z 的 z 反变换 $x(n)$ 的符号表达式。

x = ilaplace(Z, w)：对默认参量为 z 的符号表达式 $X(z)$ 求 z 反变换，返回得到符号自变量为 w 的关于 Z 的 z 反变换 $x(n)$ 的符号表达式。

【例 12-2】　试用 MATLAB 求出下列函数的 z 变换。

$(1)\ X_1(z) = \dfrac{z^2 + 5z + 1}{z^2 - 4}$　　　　$(2)\ X_1(z) = \dfrac{z^2 + 3z}{(z - 1)(z - 2)(z - 3)}$

解：MATLAB 程序如下：

```
%ex1202. m
%利用 MATLAB 求 z 反变换
syms z
Z1 = (z^2+5 * z+1)./(z^2−4);
```

```
x1 = iztrans( Z1 )
Z2 = ( z^2+3 * z ). /( ( z-1 ). * ( z-2 ). * ( z-3 ) );
x2 = iztrans( Z2 )
```

运行结果如下：

```
x1 =
(15 * 2^n)/8 - (5 * (-2)^n)/8 - kroneckerDelta( n, 0 )/4
x2 =
3 * 3^n - 5 * 2^n + 2
```

3. 部分展开式法求 z 反变换

z 变换的部分分式展开法和拉氏变换相同，是将有理分式 $X(z)$ 展开为基本常用的部分分式 $X_k(z)$ 的和，即 $X(z) = \sum_i X_i(z)$，并且根据 $X(z)$ 的收敛域是每一部分分式收敛域的公共部分来确定每一部分分式的收敛域。由于所展开的每一部分分式都是常见序列的 z 变换，因而可以非常容易地求出每一部分分式的 z 反变换 $x_i(n)$，于是，由线性性质可以求出 $X(z)$ 的 z 反变换

$$x(n) = Z^{-1}\Big[\sum_i X_i(z)\Big] = \sum_i Z[X_i(z)] = \sum_i x_i(n)$$

我们知道，有理分式 $X(z)$ 可以表示为 z 或 z^{-1} 的多项式的比，其一般形式为：

$$X(z) = \frac{N(z)}{D(z)} = \frac{b_L z^L + b_{L-1}z^{L-1} + \cdots + b_0}{a_P z^P + a_{P-1}z^{P-1} + \cdots + a_0}, \ z \in R_x \tag{12-7}$$

式中，$a_k(k = 1, 2, \cdots, P)$ 为实系数。

由于 z 变换的基本形式为 $\frac{z}{z-a}$ 和 $\frac{az}{(z-a)^2}$ 等。与拉氏变换式不同的是，这里分子上都有复变量。因此，为了使 $X(z)$ 能通过部分分式最终分解为这种常见序列的 z 变换的形式，则不能像拉氏变换那样，直接将 $X(z)$ 展开成部分分式，而必须先将 $\frac{X(z)}{z}$ 展开成部分分式，通过在展开式两边乘 z，才能使得 $X(z)$ 的部分分式中每一个分式都称为分子上含有变量 z 的基本 z 变换形式，则可以得到它们的 z 反变换。

当 $L > P$ 时，$X(z)$ 和 $\frac{X(z)}{z}$ 均为假分式，此时，需要先将 $X(z)$ 分解为一个 z 的有理多项式与一个真分式的和，即：

$$X(z) = C_0 + C_1 z + \cdots + C_{L-P}z^{L-P} + \frac{N_f(z)}{D(z)}, \ |z| \in R_x \tag{12-8}$$

当 $L \leqslant P$ 时，$X(z)$ 和 $\frac{X(z)}{z}$ 均为真分式，此时可以直接对其进行部分分式展开，以求 z 反变换。下面将根据 $X(z)$ 极点的 3 种类型，分别加以阐述。

(1) $X(z)$ 的极点为互异实数极点。

若 $X(z)$ 的全部极点 p_1，p_2，$\cdots$，p_P 均为单实极点且不为零，即 $\dfrac{X(z)}{z}$ 的极点也为单实极点，则可以展开为

$$\frac{X(z)}{z} = \frac{K_0}{z} + \frac{K_1}{z - p_1} + \frac{K_2}{z - p_2} + \cdots + \frac{K_p}{z - p_p} = \sum_{i=0}^{P} \frac{K_i}{z - p_i} \tag{12-9}$$

式中，$p_0 = 0$，待定系数 K_i 的计算式为

$$K_i = (z - p) \frac{X(z)}{z} \bigg|_{z = p_i}，\quad i = 0，1，\cdots，P \tag{12-10}$$

一旦确定了系数 $K_i(i = 1，2，\cdots，P)$ 后，在式(12-9)两端乘以 z，便可得到 $X(z)$ 的表达式：

$$X(z) = \sum_{i=0}^{P} \frac{K_i z}{z - p_i} \tag{12-11}$$

若 $X(z)$ 的全部极点 p_1，p_2，$\cdots$，p_P 均为单实极点且不为零，则 $\dfrac{X(z)}{z}$ 的极点也为单实极点，则可得到 $X(z)$ 的 z 反变换为

$$x(n) = \sum_{i=0}^{P} K_i (p_i)^n \varepsilon(n) \tag{12-12}$$

（2）$X(z)$ 的极点中含有共轭复数极点但无重极点。

设 $X(z)$ 有一对共轭复数极点 $p_{1,2} = a \pm jb = re^{\pm j\alpha}$，则由式(12-11)可得 $X(z)$ 的部分分式展开式：

$$X(z) = K_0 + \frac{K_1 z}{z - p_1} + \frac{K_2 z}{z - p_2} + \sum_{i=3}^{P} \frac{K_i z}{z - p_i}，\quad |z| \in R_x \tag{12-13}$$

与拉氏变换相同，由于 p_1 和 p_2 为共轭复数，故 K_1 和 K_2 也为共轭复数。因此，若设 $K_1 = |K_1|e^{j\theta}$，则 $K_2 = |K_1|e^{-j\theta}$，于是，$X(z)$ 中复数共轭极点对应的部分分式可以表示为

$$X_c(z) = \frac{|K_1|e^{j\theta}z}{z - re^{j\alpha}} + \frac{|K_1|e^{-j\theta}z}{z - re^{-j\alpha}} \tag{12-14}$$

故可得到 $X(z)$ 的 z 反变换为

$$x(n) = 2|K_1|r^n \cos(\alpha n + \theta)\varepsilon(n) \tag{12-15}$$

（3）$X(z)$ 含有重极点。

设 $X(z)$ 在 $z = p_i$ 处有一个 m 阶重极点，其余 $q(q = P - m)$ 个为互异单极点，则 $\dfrac{X(z)}{z}$ 可以展开为

$$\frac{X(z)}{z} = \sum_{r=0}^{q} \frac{K_r}{z - p_r} + \sum_{j=1}^{m} \frac{K_{1j}}{(z - p_i)^j} \tag{12-16}$$

则 $X(z)$ 中重极点对应的部分分式可以表示为

$$X_d(z) = \sum_{j=1}^{m} \frac{K_{1j}z}{(z - p_i)^j} \tag{12-17}$$

故可得到 $X(z)$ 的 z 反变换为

$$x_\mathrm{d}(n) = \left[K_{11}p_i^n + K_{12}np_i^{n-1} + \cdots + K_{1m}\frac{n(n-1)\cdots(n-m+2)}{(m-1)!}p_i^{n-m+1} \right]\varepsilon(n)$$

$$(12\text{-}18)$$

MATLAB 提供了 residue 函数可以用来实现利用部分分式展开法求 z 反变换,它的调用格式和用法分别如下:

$[k, p, c] = \mathrm{residue}(b, a)$:其中,$b$ 表示 $\dfrac{X(z)}{z}$ 的分子的多项式系数构成的行向量,a 为 $\dfrac{X(z)}{z}$ 的分母的多项式系数构成的行向量。输出参数 k 为 $\dfrac{X(z)}{z}$ 的部分展开式的系数 $K_i(i=0, 1, \cdots, q)$ 的列向量,p 为 $\dfrac{X(z)}{z}$ 的 n 个极点位置的列向量,c 为 $\dfrac{X(z)}{z}$ 部分展开式中多项式系数的行向量,若 $\dfrac{X(z)}{z}$ 为真分式,则向量 c 为空阵。

【例 12-3】 已知 $X(z) = \dfrac{z(z^3 + 2z^2 - 4z + 8)}{(z-2)^2(z^2+4)}$,试用 MATLAB 实现部分展开式法求 $X(z)$ 的 z 反变换 $x(n)$。

解:由题目已给条件可得:

$$\frac{X(z)}{z} = \frac{z^3 + 2z^2 - 4z + 8}{z^4 - 4z^3 + 8z^2 - 16z + 16}$$

则可以用 residue 函数求解 z 反变换,MATLAB 程序如下:

```
%ex1203. m
%利用 MATLAB 实现部分展开式法的 z 反变换
b=[1 2 -4 8];
a=[1 -4 8 -16 16];
[k,p,c]=residue(b,a)
```
运行结果如下:
```
k =
    1.0000 + 0.0000i
    2.0000 + 0.0000i
    0.0000 - 0.5000i
    0.0000 + 0.5000i
p =
    2.0000 + 0.0000i
    2.0000 + 0.0000i
    0.0000 + 2.0000i
    0.0000 - 2.0000i
c =
    []
```

由运行结果可得

$$X(z) = \frac{z}{z-2} + \frac{2z}{(z-2)^2} + \frac{j}{2} \cdot \frac{z}{(z+j2)} - \frac{j}{2} \cdot \frac{z}{(z-j2)}$$

$$= \frac{2z}{(z-2)^2} + \frac{z}{z-2} + \frac{2z}{z^2+4}$$

由此可以得出 $X(z)$ 的反变换 $x(n)$ 为

$$x(n) = 2^n\left(n + 1 + \sin\frac{n\pi}{2}\right)$$

习　题

1. 试用 MATLAB 求下列序列 $x(n)$ 的 z 变换 $X(z)$。

(1) $\left(\frac{1}{2}\right)^n \varepsilon(n)$ (2) $x(n) = \delta(n+1)$

(3) $\left(-\frac{1}{3}\right)^n [\varepsilon(n) - \varepsilon(n-10)]$ (4) $\left(\frac{1}{3}\right)^n \varepsilon(n) + \left(\frac{1}{5}\right)^n \varepsilon(n)$

2. 求下列 z 变换所对应的序列。

(1) $X(z) = \frac{1}{1 + 0.5z^{-1}}$ (2) $X(z) = \frac{9z^2}{9z^2 - 9z + 2}$

(3) $X(z) = \frac{2z^3 - 5z^2 + z + 3}{(z-1)(z-2)}$ (4) $X(z) = \frac{-9z^2 - 13z}{(z+1)(z+2)(z-3)}$

实验二　离散时间系统的复频域分析

一、实验目的

(1) 掌握运用 MATLAB 实现离散系统响应的 z 域求解的方法；
(2) 掌握运用 MATLAB 分析系统函数的零、极点分布与系统时域特性的关系的方法。

二、实验原理和实例分析

1. 离散时间系统的响应的 z 域求解

如果输入信号在 $n=0$ 时刻之前的 ∞ 时刻加入系统或者系统的初始状态为零且输入 $x(n)$ 是因果信号，则对式(10-11)两边求单边 z 变换，并应用线性性质和位移性可得：

$$\sum_{k=0}^{N} a_k z^{-k} \left[Y(z) + \sum_{l=k}^{-1} y(l) z^{-l} \right] = \sum_{r=0}^{M} b_r z^{-r} X(z) \tag{12-19}$$

式中，$y(l)(-N \leqslant l \leqslant -1)$ 为系统的初始状态。

由式(12-19)解得因果离散系统在因果输入信号作用下全响应 $y(n)$ 的单边 z 变换 $Y(z)$ 为

$$Y(z) = \frac{-\sum_{k=0}^{N} \left[a_k z^{-k} \sum_{l=-k}^{-1} y(l) z^{-1} \right]}{\sum_{k=0}^{N} a_k z^{-k}} + \frac{\sum_{r=0}^{M} b_r z^{-r}}{\sum_{k=0}^{N} a_k z^{-k}} X(z) = Y_{zi}(z) + Y_{zs}(z) \tag{12-20}$$

由式(12-20)可见，系统全响应 $y(n)$ 的单边 z 变换 $Y(z)$ 由两项组成，第一项

$$Y(z) = -\frac{\sum_{k=0}^{N} \left[a_k z^{-k} \sum_{l=-k}^{-1} y(l) z^{-1} \right]}{\sum_{k=0}^{N} a_k z^{-k}}$$ 与 $X(z)$，即 $x(n)$ 无关，是当输入 $x(n)=0$ 时仅由系统的

初始状态 $y(-1)$，$y(-2)$，$\cdots$，$y(-N)$ 引起的零输入响应 $y_{zi}(n)$ 的单边 z 变换；第二项

$$y_{zs}(n) = \frac{\sum_{r=0}^{M} b_r z^{-r}}{\sum_{k=0}^{N} a_k z^{-k}} X(z)$$ 与 $y(-1)$，$y(-2)$，$\cdots$，$y(-N)$ 无关，是当初始状态 $y(l)=0(-N$

$\leqslant l \leqslant -1)$ 时仅由输入 $x(n)$ 引起的零状态响应 $y_{zs}(n)$ 的单边 z 变换。这样，借助于单边 z 变换的线性性质，可自动分离出零输入响应和零状态响应。因此，求解 $Y_{zi}(z)$、$Y_{zs}(z)$ 和 $Y(z)$ 的单边 z 反变换，即可以得出系统零输入响应 $y_{zi}(n)$、零状态响应 $y_{zs}(n)$ 和全响应 $y(n)$。

【**例 12-4**】 已知一个线性移不变因果系统满足的差分方程：

$$y(n) + \frac{3}{4} y(n-1) + \frac{1}{8} y(n-2) = x(n) + 3x(n-1)$$

系统的初始条件和初始状态值分别为 $y(0) = 1$，$y(-1) = -6$，输入 $x(n) = \left(\dfrac{1}{2}\right)^n \varepsilon(n)$，试求系统的零输入响应、零状态响应和全响应。

解：对系统差分方程两边求 z 变换可得

$$Y(z) + \frac{3}{4}\left[z^{-1}Y(z) + y(-1)\right] + \frac{1}{8}\left[z^{-2}Y(z) + z^{-1}y(-1) + y(-2)\right] = X(z) + 3^{-1}X(z)$$

将 $y(-2)$ 可令原差分方程中的 $n = 0$，并利用 $y(0) = 1$，$y(-1) = -6$，以及求得的 $y(-2) = 36$。将 $y(-1) = -6$，$y(-2) = 36$ 以及 $X(z) = Z[x(n)] = \dfrac{1}{1 - \dfrac{1}{2}z^{-1}}$ 代入上式，可得

$$Y(z) = \frac{\dfrac{3}{4}z^{-1}}{\left(1 + \dfrac{1}{2}z^{-1}\right)\left(1 + \dfrac{1}{4}z^{-1}\right)} + \frac{1 + 3^{-1}}{1 + \dfrac{3}{4}z^{-1} + \dfrac{1}{8}z^{-2}} \cdot \frac{1}{1 - \dfrac{1}{2}z^{-1}}$$

于是可以利用 MATLAB 求其完全响应、零状态响应和零输入响应，其 MATLAB 程序如下：

```
%ex1204. m
%利用 MATLAB 实现系统响应的 z 域求解
syms n z
Yzi = (3/4 * z^-1)/((1+1/2 * z^-1) * (1+1/4 * z^-1));
yzi = iztrans(Yzi)
Yzs = ((1+3 * z^-1)/(1+3/4 * z^-1+1/8 * z^-2)) * (1/(1-(1/2) * z^-1));
yzs = iztrans(Yzs)
yn = simplify(yzi+yzs)
```

运行结果如下：

```
yzi =
3 * (-1/4)^n - 3 * (-1/2)^n
yzs =
(7 * (1/2)^n)/3 - 5 * (-1/2)^n + (11 * (-1/4)^n)/3
yn =
(7 * (1/2)^n)/3 - 8 * (-1/2)^n + (20 * (-1/4)^n)/3
```

即系统的零输入响应为

$$y_{zi}(n) = \left[3\left(-\frac{1}{4}\right)^n - 3\left(-\frac{1}{2}\right)^n\right]\varepsilon(n)$$

系统的零状态响应为

$$y_{zs}(n) = \left[\frac{7}{3}\left(\frac{1}{2}\right)^n - 5\left(-\frac{1}{2}\right)^n + \frac{11}{3}\left(-\frac{1}{4}\right)^n\right]\varepsilon(n)$$

系统的全响应为

$$y(n) = \left[\frac{7}{3}\left(\frac{1}{2}\right)^n - 8\left(-\frac{1}{2}\right)^n + \frac{20}{3}\left(-\frac{1}{4}\right)^n\right]\varepsilon(n)$$

2. 系统函数的零、极点分布

与连续时间系统的情况类似，线性移不变系统的零、极点图反映了系统函数的零、极点在 z 平面上的分布情况，它也是系统的一种表征形式，即已知一个系统的零、极点图及收敛域可以完全画出该系统。我们知道，对于一个用线性常系数差分方程描述的线性移不变系统来说，其系统函数 $H(z)$ 可以表示为 z^{-1} 或 z 的实系数有理分式，即

$$H(z) = \frac{\sum_{r=0}^{M} b_r z^{-r}}{\sum_{k=0}^{N} a_k z^{-k}} = \frac{b_0 \sum_{r=0}^{M} \frac{b_r}{b_0} z^{-r}}{a_0 \sum_{k=0}^{N} \frac{a_k}{a_0} z^{-k}} = G\frac{\sum_{r=0}^{M} \beta_r z^{-r}}{\sum_{k=0}^{N} \alpha_k z^{-k}} \qquad (12\text{-}21)$$

式中，$G = \frac{b_0}{a_0}$ 为系统函数的幅度因子，$\beta_r = \frac{b_r}{b_0}$，$\alpha_r = \frac{a_r}{a_0}$。

而若将式(12-21)的分子、分母同乘 z^{M+N}，则可得到系统函数 z 的正幂形式，即：

$$H(z) = z^{N-M} G \frac{\prod_{r=1}^{M}(z - z_r)}{\prod_{k=1}^{N}(z - p_k)} \qquad (12\text{-}22)$$

MATLAB 提供了 zplane 函数用于绘制系统的零、极点分布图，其调用格式如下：

zplane(b，a)：其中，输入参量 b 为 $H(z)$ 分子多项式的系数向量，a 为 $H(z)$ 分母多项式的系数向量。

【例 12-5】　已知某离散因果系统的系统函数为

$$H(z) = \frac{3z^2 + 1}{z^2 + z + 1}$$

试用 MATLAB 绘制系统的零、极点分布图。

解：其 MATLAB 程序如下：

```
%ex1205. m
%利用 MATLAB 绘制系统的零、极点分布图
b=[3 0 1];
a=[1 1 1];
zplane(b,a),grid on
title('零极点分布图')
```

运行结果如图 12-1 所示。

而若要获得系统函数的零、极点，则可通过 tf2zp 函数来实现，其调用格式如下：

[z，p，G]=tf2zp(b，a)：其中，输入参量 b 为 $H(z)$ 分子多项式的系数向量，a 为 $H(z)$ 分母多项式的系数向量。输出参量 z 为系统函数零点位置的列向量，p 为系统函数极

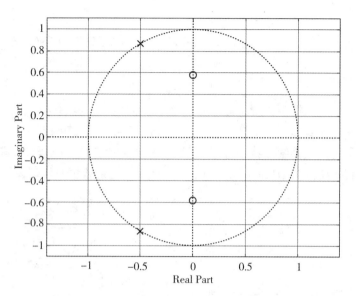

图 12-1　系统函数零、极点分布图

点位置的列向量，G 为系统函数的幅度因子。

【例 12-6】　已知因果线性移不变系统的系统函数为

$$H(z) = \frac{z - 2}{2z^2 + z - 1}$$

试用 MATLAB 命令求出该系统的零、极点。

解：MATLAB 程序如下：

%ex1206. m

%利用 MATLAB 求解系统的零、极点

b=[1 -2];

a=[2 1 -1];

[z,p,G]=tf2zp(b,a)

运行结果如下：

z =

　　　2

p =

　　-1.0000

　　0.5000

G =

　　0.5000

3. 系统函数的零、极点分布与系统时域特性的关系

由于线性移不变系统的 $H(z)$ 与单位样值响应 $h(n)$ 构成 z 变换对，而系统函数除幅度因子外完全由零、极点确定，因此，反映系统时域特性的 $h(n)$ 与系统函数 $H(z)$ 的零、极点分布之间必然存在着本质上的联系。

下面将举例分析系统函数 $H(z)$ 的极点分布与系统时域特性 $h(n)$ 之间的关系。

【例 12-7】　试用 MATLAB 分别绘制出下列各系统函数的零、极点分布图和单位样值响应 $h(n)$ 的波形图。

（1）$H(z) = \dfrac{z}{z - 0.6}$;

（2）$H(z) = \dfrac{z^2}{z - z + 0.25}$;

（3）$H(z) = \dfrac{z}{z^2 - 1.2z + 0.8}$;

（4）$H(z) = \dfrac{z}{z - 1}$;

（5）$H(z) = \dfrac{z}{z^2 - 1.6z + 1}$;

（6）$H(z) = \dfrac{z}{z - 1.6}$。

解：MATLAB 程序如下：

```
%ex1207. m
%利用 MATLAB 分析系统极点分布与时域特性的关系
b1=[1 0];
a1=[1 -0.6];
subplot(221)
zplane(b1,a1)
subplot(222)
impz(b1,a1),grid on
figure
b2=[1 0 0];
a2=[1 -1 0.25];
subplot(221)
zplane(b2,a2)
subplot(222)
impz(b2,a2),grid on
figure
```

```
b3 = [1 0];
a3 = [1 −1.2 0.8];
subplot(221)
zplane(b3,a3)
subplot(222)
impz(b3,a3),grid on
figure
b4 = [1 0];
a4 = [1 −1];
subplot(221)
zplane(b4,a4)
subplot(222)
impz(b4,a4),grid on
figure
b5 = [1 0];
a5 = [1 −1.6 1];
subplot(221)
zplane(b5,a5)
subplot(222)
impz(b5,a5),grid on
figure
b6 = [1 0];
a6 = [1 −1.6];
subplot(221)
zplane(b6,a6)
subplot(222)
impz(b6,a6),grid on
```

运行结果如图 12-2 所示。

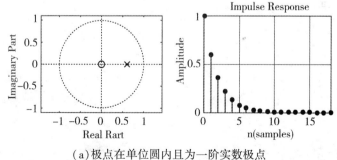

（a）极点在单位圆内且为一阶实数极点

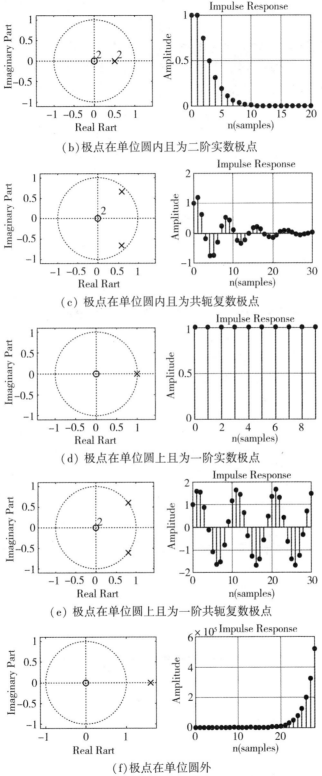

（b）极点在单位圆内且为二阶实数极点

（c）极点在单位圆内且为共轭复数极点

（d）极点在单位圆上且为一阶实数极点

（e）极点在单位圆上且为一阶共轭复数极点

（f）极点在单位圆外

图 12-2　系统极点分布与时域特性之间的关系

观察图 12-2 可以得到系统函数极点分布与系统时域特性之间的关系如下：

(1)当 $|p_k| < 1$ 时，$H(z)$ 在单位圆内的极点对应于单位样值响应分量 $h(n)$ 中的响应分量都随 n 增大而最终趋于零，如图 12-2(a)、(b)和(c)所示。

(2)当 $|p_k| = 1$ 时，$H(z)$ 在单位圆上的极点对应于单位样值响应分量 $h(n)$ 中的响应分量为阶跃序列或正弦序列，这时，$h(n)$ 不是随 n 值的大小而改变，而是一等幅的包络，如图 12-2(d)、(e)所示。

③当 $|p_k| > 1$ 时，$H(z)$ 在单位圆外的 p_k 极点对应的 $h(n)$ 中的响应分量与单位圆内的极点所对应的响应分量类型相似，但随 n 值的增大而增大，最终趋于无穷大。

习　题

1. 已知某离散系统的差分方程为

$$y(n) - y(n-1) - 2y(n-2) = x(n) + 2x(n-2)$$

初始条件为 $y(-1) = 2$，$y(-2) = -\dfrac{1}{2}$，激励 $x(n) = \varepsilon(n)$。试利用 MATLAB 求系统的零输入响应、零状态响应和全响应。

2. 已知下列离散信号的系统函数：

(1) $H(z) = \dfrac{z+2}{8z^2 - 2z - 3}$；

(2) $H(z) = \dfrac{8(1 - z^{-1} - z^{-2})}{2 + 5z^{-1} + 2z^{-2}}$；

(3) $H(z) = \dfrac{2z - 4}{2z^2 + z - 1}$；

(4) $H(z) = \dfrac{1 + z^{-1}}{1 - z^{-1} + z^{-2}}$。

试用 MATLAB 命令画出其零、极点分布图与时域波形，并判断系统的稳定性。

第13章　系统的状态变量分析

实验一　状态空间的建立

一、实验目的

(1) 掌握利用 MATLAB 建立状态空间表达式的方法；

(2) 掌握利用 MATLAB 实现系统传递函数与状态空间表达式之间的转换的方法。

二、实验原理和实例分析

1. 状态空间表达式的模型建立

状态方程与输出方程的组合成为状态空间表达式，它们构成对一个系统动态的完整描述。

对于一个多变量控制系统，假设有 p 个输入、q 个输出，其状态空间表达式的向量矩阵形式为

$$\begin{cases} \dot{x} = Ax + Bu \\ y = Cx + Du \end{cases} \tag{13-1}$$

式中，$x = (x_1, x_2, \cdots, x_n)^{\mathrm{T}}$，表示 n 维状态向量；

$$A = \begin{pmatrix} a_{11} & a_{12} & \cdots & a_{1n} \\ a_{21} & a_{22} & \cdots & a_{2n} \\ \vdots & \vdots & & \vdots \\ a_{n1} & a_{n2} & \cdots & a_{nn} \end{pmatrix}_{n \times n}, \quad 为系统状态关系的系数矩阵；$$

$$B = \begin{pmatrix} b_{11} & b_{12} & \cdots & b_{1p} \\ b_{21} & b_{22} & \cdots & b_{2p} \\ \vdots & \vdots & & \vdots \\ b_{n1} & b_{n2} & \cdots & b_{np} \end{pmatrix}_{n \times p}, \quad 为输入矩阵；$$

$u = (u_1, u_2, \cdots, u_p)^{\mathrm{T}}$，为 p 维输入向量；

$y = (y_1, y_2, \cdots, y_q)^{\mathrm{T}}$，为 q 维输出向量；

$$C = \begin{pmatrix} c_{11} & c_{12} & \cdots & c_{1n} \\ c_{21} & c_{22} & \cdots & c_{2n} \\ \vdots & \vdots & & \vdots \\ c_{q1} & c_{q2} & \cdots & c_{qn} \end{pmatrix}_{q \times n}, \quad 为输出矩阵；$$

$$D = \begin{pmatrix} d_{11} & d_{12} & \cdots & d_{1p} \\ d_{21} & d_{22} & \cdots & d_{2p} \\ \vdots & \vdots & & \vdots \\ d_{q1} & d_{q2} & \cdots & d_{qp} \end{pmatrix}_{q \times p}, \quad 为直接传递系数矩阵。$$

则上述系统可以简称为系统 (A, B, C, D)。

MATLAB 工具箱提供了 ss 函数来实现系统的状态空间表达式的建立，其调用格式如下：

sys = ss(A, B, C, D)：通过输入状态空间表达式的参数，实现 MATLAB 的状态空间模型的建立。

【例 13-1】　已知系统的状态空间表达式为

$$\dot{x} = \begin{bmatrix} 1 & 3 & 4 \\ 0 & 3 & 1 \\ 0 & 2 & 4 \end{bmatrix} x + \begin{bmatrix} 1 \\ 0 \\ 0 \end{bmatrix} u$$

$$y = \begin{bmatrix} 2 & 1 & 3 \end{bmatrix} x$$

试建立其状态空间模型。

解：MATLAB 程序如下：

```
%ex1301. m
%利用 MATLAB 建立状态空间模型
A=[1 3 4;0 3 1;0 2 4];
B=[1;0;0];
C=[2 1 3];
D=[0];
sys=ss(A,B,C,D)
```

运行结果如下：

```
sys =
  a =
        x1   x2   x3
   x1    1    3    4
   x2    0    3    1
   x3    0    2    4
```

```
b =
        u1
   x1    1
   x2    0
   x3    0
c =
        x1   x2   x3
   y1    2    1    3
d =
        u1
   y1    0
```

2. 系统传递函数与状态空间表达式的相互转化

设单变量线性定常系统的微分方程和对应的传递函数如下：

$$y^{(n)} + \cdots + a_{n-1}\dot{y} + a_n y = b_0 u^{(n)} + \cdots + b_{n-1}\dot{u} + b_n u \tag{13-2}$$

$$\frac{Y(s)}{U(s)} = \frac{b_0 s^n + \cdots + b_{n-1}s + b_n}{s^n + \cdots + a_{n-1}s + a_n} \tag{13-3}$$

而单变量线性定常系统的状态空间表达式为式(13-1)。则可以实现传递函数与状态空间表达式之间的转换。MATLAB 工具箱也提供了 tf2ss 函数余 ss2tf 函数来实现这一过程，它们的调用格式如下：

[A，B，C，D]=tf2ss(b，a)：其中，输入变量 b 和 a 分别表示传递函数分子和分母系数构成的行向量，输出参数 A，B，C，D 则表示状态空间表达式的参数。

[b，a]=ss2tf(A，B，C，D)：其中，输入变量 A，B，C，D 表示为状态空间表达式的参数，输出参数 b 和 a 分别表示传递函数分子和分母系数构成的行向量。

【例 13-2】　已知连续某系统的传递函数为

$$H(s) = \frac{2s^2 + 4s + 1}{s^3 + 9s^2 - 4s + 5}$$

试用 MATLAB 求出该系统的状态空间表达式。

解：MATLAB 命令如下：

```
%ex1302.m
%利用 MATLAB 实现传递函数与状态方程的转换
b=[2 4 1]；a=[1 9 -4 5]；
[A，B，C，D]=tf2ss(b，a)
```

运行结果如下：

```
A =
    -9     4    -5
     1     0     0
```

$$B =$$
$$\begin{matrix} 0 & 1 & 0 \end{matrix}$$

$$1$$
$$0$$
$$0$$

$$C =$$
$$\begin{matrix} 2 & 4 & 1 \end{matrix}$$

$$D =$$
$$0$$

故系统的状态空间表达式为

$$\begin{bmatrix} \dot{x}_1 \\ \dot{x}_2 \\ \dot{x}_3 \end{bmatrix} = \begin{bmatrix} -9 & 4 & -5 \\ 1 & 0 & 0 \\ 0 & 1 & 4 \end{bmatrix} \begin{bmatrix} x_1 \\ x_2 \\ x_3 \end{bmatrix} + \begin{bmatrix} 1 \\ 0 \\ 0 \end{bmatrix} u$$

$$y = \begin{bmatrix} 2 & 4 & 1 \end{bmatrix} \begin{bmatrix} x_1 \\ x_2 \\ x_3 \end{bmatrix}$$

【例 13-3】 已知系统的状态空间表达式为

$$\begin{bmatrix} \dot{x}_1 \\ \dot{x}_2 \\ \dot{x}_3 \end{bmatrix} = \begin{bmatrix} 5 & 0 & 2 \\ 0 & 0 & 3 \\ 1 & 2 & 4 \end{bmatrix} \begin{bmatrix} x_1 \\ x_2 \\ x_3 \end{bmatrix} + \begin{bmatrix} 1 \\ 0 \\ 0 \end{bmatrix} u$$

$$y = \begin{bmatrix} 1 & 2 & 3 \end{bmatrix} \begin{bmatrix} x_1 \\ x_2 \\ x_3 \end{bmatrix}$$

试用 MATLAB 求系统的传递函数。

解：MATLAB 程序如下：

```
%ex1303.m
%利用 MATLAB 实现状态方程与传递函数的转换
A=[5 0 2;0 0 3;1 2 4];B=[1;0;0];
C=[1 2 3];D=[0];
[b,a]=ss2tf(A,B,C,D)
```

运行结果如下：

```
b =
    0    1    -1    0
a =
```

1.0000　-9.0000　12.0000　30.0000

故该系统的传递函数为 $\dfrac{Y(s)}{U(s)} = \dfrac{s^2 - s}{s^3 - 9s^2 + 12s + 30}$。

习　　题

1. 已知控制系统的传递函数如下，试用 MATLAB 求其状态空间表达式。

（1）$\dfrac{Y(s)}{U(s)} = \dfrac{1}{s(s+3)}$

（2）$\dfrac{Y(s)}{U(s)} = \dfrac{1}{s\,(s+2)^2}$

（3）$\dfrac{Y(s)}{U(s)} = \dfrac{s^2 + 3s}{s^3 + 5s^2 + 4s + 8}$

2. 已知系统的状态空间表达式如下：

$$\dot{x} = \begin{bmatrix} 5 & 3 \\ 1 & -1 \end{bmatrix} x + \begin{bmatrix} 1 \\ 2 \end{bmatrix} u$$

$$y = \begin{bmatrix} 2 & 1 \end{bmatrix} x$$

试求出系统的传递函数。

实验二　系统的可控性和可观测性

一、实验目的

（1）运用 MATLAB 判断系统的可控性；
（2）运用 MATLAB 判断系统的可观测性。

二、实验原理和实例分析

1. 线性系统的可控性

线性系统的可控性，是指输入是否能对状态进行控制，即在一个有限的时间范围内，输入量能使系统从初始状态转移到任何另一状态，则说明该系统状态完全可控，简称为系统可控。

对于 n 阶线性定常系统 $\dot{x} = Ax + Bu$ 的状态完全可控的充要条件为：系统的可控性矩阵 $Q_k = \begin{bmatrix} B & AB & A^2B & \cdots & A^{n-1}B \end{bmatrix}$ 为满秩矩阵。

MATLAB 工具箱提供了 ctrb 函数来实现可控阵的计算，该函数的调用格式如下：

Q = ctrb(A，B)：求解线性系统的可控阵，其中 A，B 为状态空间表达式中的系数矩阵和输入矩阵。

在得到系统的可控阵之后，利用 rank 函数即可判断其是否满秩，从而确定系统的可控性。

【例 13-4】 已知两个线性定常系统的状态方程分别为

$$\dot{x} = \begin{bmatrix} -3 & 1 \\ 4 & -2 \end{bmatrix} x + \begin{bmatrix} 0 \\ 1 \end{bmatrix} u$$

$$\dot{x} = \begin{bmatrix} -3 & 1 \\ 0 & -2 \end{bmatrix} x + \begin{bmatrix} 1 \\ 1 \end{bmatrix} u$$

试利用 MATLAB 判断两个系统的可控性。

解：MATLAB 程序如下：

```
%ex1304. m
%利用 MATLAB 判断系统的可控性
A1 = [-3 1;4 -2];B1 = [0;1];
Q1 = ctrb(A1,B1);
r1 = rank(Q1)
A2 = [-3 1;0 -2];B2 = [1;1];
Q2 = ctrb(A2,B2);
r2 = rank(Q2)
```

运行结果如下：

```
r1 =
      2
r2 =
      1
```

故可判断出系统 1 不完全可控，系统 2 完全可控。

2. 线性系统的可观测性

线性系统的可观测性，是指能否通过输出确定系统的状态，即系统的每一个初始状态都可以在有限的时间间隔内根据输出量确定，则称系统的状态是完全可观测的，简称为系统可观。

对于 n 阶线性定常系统 $\dot{x} = Ax + Bu$ 的状态完全可观测的充要条件为：系统的可控性矩阵 $Q_g = \begin{bmatrix} C & CA & CA^2 & \cdots & CA^{n-1} \end{bmatrix}^T$ 为满秩矩阵。

MATLAB 工具箱提供了 obsv 函数来实现可观测阵的计算，该函数的调用格式如下：

Q = obsv(A，C)：求解线性系统的可观测阵，其中 A，C 为状态空间表达式中的系数矩阵和输出矩阵。

在得到系统的可观测阵之后，利用 rank 函数即可判断其是否满秩，从而确定系统的可观测性。

【例 13-5】　已知线性定常系统的状态方程和输出方程为

$$\dot{x} = \begin{bmatrix} -4 & 1 \\ 3 & -2 \end{bmatrix} x + \begin{bmatrix} 0 \\ 1 \end{bmatrix} u$$
$$y = \begin{bmatrix} 0 & 1 \end{bmatrix} x$$

试利用 MATLAB 判断两个系统的可观测性。

解：MATLAB 程序如下：

```
%ex1304. m
%利用 MATLAB 判断系统的可观测性
A = [-4 1;3 -2];C = [0 1];
Q = obsv(A,C);
r = rank(Q)
```

运行结果如下：

```
r =
      2
```

故系统完全可观。

习　　题

1. 判断下述系统的可控性。

$$(1)\dot{x} = \begin{bmatrix} 1 & 0 \\ -1 & -2 \end{bmatrix} x + \begin{bmatrix} 1 \\ 2 \end{bmatrix} u$$

$$y = \begin{bmatrix} 0 & 1 \end{bmatrix} x$$

$$(2)\ \dot{x} = \begin{bmatrix} -2 & 1 & 0 \\ 0 & -1 & 0 \\ 0 & 0 & -1 \end{bmatrix} x + \begin{bmatrix} 0 & 0 \\ 1 & 0 \\ -1 & 2 \end{bmatrix} u$$

$$y = \begin{bmatrix} 1 & 0 & 2 \\ 0 & 1 & -1 \end{bmatrix} x$$

2. 判断下述系统的可观测性。

$$(1)\ \dot{x} = \begin{bmatrix} 1 & 0 & 0 \\ 0 & 2 & 0 \\ 0 & 0 & -3 \end{bmatrix} x + \begin{bmatrix} 1 \\ 0 \\ 0 \end{bmatrix} u$$

$$y = \begin{bmatrix} 1 & 2 & 0 \end{bmatrix} x$$

$$(2)\ \dot{x} = \begin{bmatrix} -1 & 0 & 3 \\ 2 & -2 & 0 \\ 0 & 0 & 1 \end{bmatrix} x + \begin{bmatrix} 1 & 1 \\ 1 & -1 \\ -1 & 2 \end{bmatrix} u$$

$$y = \begin{bmatrix} 0 & 1 & 0 \end{bmatrix} x$$

参 考 文 献

[1] 周杨 . MATLAB 基础及在信号与系统中的应用 . 哈尔滨：哈尔滨工程大学出版社，2011.

[2] 尹霄丽 . MATLAB 在信号与系统中的应用 . 北京：清华大学出版社，2015.

[3] 谷源涛，应启珩，郑君里 . 信号与系统——MATLAB 综合实验 . 北京：高等教育出版社，2008.

[4] 梁虹，普园媛，梁洁 . 信号与线性系统分析——基于 MATLAB 的方法与实现 . 北京：高等教育出版社，2006.

[5] 党宏社 . 信号与系统实验(MATLAB 版). 西安：西安电子科技大学出版社，2007.

[6] 薛年喜 . MATLAB 在数字信号处理中的应用 . 北京：清华大学出版社，2003.

[7] 李辉 . 数字信号处理及 MATLAB 实现 . 北京：机械工业出版社，2011.